龙菜·龙点·龙宴

韩彦龙 张铁元 编著

中国纺织出版社有限公司

图书在版编目（CIP）数据

龙菜·龙点·龙宴/韩彦龙，张铁元编著. -- 北京：中国纺织出版社有限公司，2020.11

ISBN 978-7-5180-7791-5

Ⅰ.①龙… Ⅱ.①韩… ②张… Ⅲ.①饮食—文化—中国 Ⅳ.①TS971.2

中国版本图书馆CIP数据核字（2020）第156830号

责任编辑：国帅　韩婧　　责任校对：高　涵
责任设计：卡古鸟设计　　责任印制：王艳丽

中国纺织出版社有限公司出版发行
地址：北京市朝阳区百子湾东里A407号楼　邮政编码：100124
销售电话：010—67004422　传真：010—87155801
http://www.c-textilep.com
中国纺织出版社天猫旗舰店
官方微博 http://weibo.com/2119887771
北京利丰雅高长城印刷有限公司印刷　各地新华书店经销
2020年11月第1版第1次印刷
开本：889×1194　1/16　印张：13
字数：203千字　定价：88.00元

本书编委会

序言

PREFACE

在远古神话中，最早的神不是人，而是动物，人们认为某种动物是自己的祖先或保护者，这就是图腾。

龙作为一种图腾，和一般图腾不同，不是单一动物，而是多种动物的集合，这突出反映了中华民族伟大的融合思想。龙文化、龙的传说蕴涵着中国人所重视的天人合一宇宙观，体观出仁者爱人的诉求，阴阳交合的发展观，兼容并包的多元文化观。自古至今，人们赋予了龙诸多美好善良之心性。

当代宣传龙文化，依然具有强大的作用。龙文化形成发展的过程，与中华民族形成融合过程几乎是同步的。在历史上，无论朝代怎样更迭，龙文化传承始终如一，海内外华人以“龙”为中华民族的象征。因此，宣传和弘扬龙文化，提升民族凝聚向心力，应当给予充分的肯定。

龙文化内涵丰富，艺术龙就是以艺术的形式表现对龙的敬仰和崇拜，有雕刻、塑造、绘画、舞蹈、竞技等表现方式。而这部以“龙”为主题的菜谱作品，将龙文化拓展到餐饮文化领域，丰富发展了艺术龙内涵，有深远的文化意义。

中国历代宫廷御膳中，其风格特点虽不尽相同，但都聚集了当时天下美食，展示了豪奢精致的风味特色。其中冠以“龙”名的菜肴，十分精巧细腻、富贵高雅。每款美味珍馔，原料和技法虽然来自民间，但经过御厨们的加工使其升华，成为那个时代烹饪技艺的代表，皇室通过宴饮，也维系了上下关系及统治秩序。

在历史上，灿烂的餐饮美食文化，多为皇室、达官贵人所垄断，普通百姓大多为果腹奔波劳碌。当国泰民安、社会和谐时代来临后，作为餐饮执业者，有义务、也有责任为普通百姓提供更高层次的、集美食、文化为一体的佳肴美馔。各种宫廷、官府大型饮宴虽然体现了我国历史上博大精深的饮食文化，也能适应现代高端消费群体，但简单的用它来指引消费则似有不妥，因为它产生于封建统治者奢华无度、一掷千金的腐朽生活方式，与现代社会崇尚节俭、科学合理饮食思想并不相符。借鉴历朝历代皇室御膳技法，并非为了追求穷奢极欲，而是为了取其精华，去其糟粕，古为今用。

中华异彩纷呈的烹饪技艺，创造出美轮美奂的佳肴美馔，同时也将美食养生的最高境界和盘托出。“以食养生、以食养寿”这一源自宫廷的秘籍，经过无数朝代御膳大师和民间神厨的精心培养，已形成了一整套系统完善的烹饪料理技法及理念，让烹饪之技近乎道，集美食养生为一体，这些都充分体现了中华传统养生哲学的现实体用。

这本书是张铁元先生、曾凤茹女士及其好友韩彦龙先生、弟子张奇先生等多年从厨经验的总结。其所编著的各道“龙”菜，集中体现了传统御膳之精华。每道菜配伍讲究，烹制工艺高深，不仅详细讲了制作方法，同时将菜品的出处、演变过程、历史典故，人物风情融入其中，趣味浓厚，亦庄亦谐。它既是餐饮职业人员研习借鉴之教材，又可作为通俗文学赏析之读物，是展拓中华餐饮龙文化之范本。

我与张铁元先生、曾凤茹女士为多年好友，他们为人坦荡忠厚，孝敬师长，友爱弟子；专业上博学广识，精益求精，是餐饮行业承上启下的栋梁之材。值此新书出版之际，谨以此序向他们表达祝贺之忱。

张文彦

2019年10月26日于北京

目录

CONTENTS

出版者注：
文中涉及国家级保护动物等，不建议食用，制作方法仅供参考，可用其他动物替代，或用人工养殖品种替代。

龙文化与饮食文化

中华民族的龙文化源远流长，各种文化领域中无不渗透“龙”的文化在里面。

在中国悠久的饮食文化方面，龙文化更留有重彩篇章。不同的地区有不同的菜点，不同的节令有不同的龙吃食，如：农历正月十五我国大部地区有吃元宵的习俗，有的地方将元宵称为“龙蛋”。早在元代已有“二月二龙抬头”的记载，先民们为了表达对新的一年农作物丰收的祈望，这一天我国很多地方吃面食，这些面食有的是提取其形似，有的则是寓意吉祥，因此这一天做的面条叫“龙须面”，烙的饼叫“龙鳞”，包的饺子叫“龙牙”，还有“炸龙胆”等。菜点凡冠以“龙”名的菜肴，其菜必精，其菜必雅，其菜必尊。明代宫廷佳肴“蟠龙菜”诗有：“山珍海味不须供，富水春香酒味浓。满座宾客呼上菜，装成卷切号蟠龙”。民以食为天，围绕着龙就有结婚喜庆要有“龙”，请客吃饭要见“龙”，亲人团聚要做“龙”，逢年过节要吃“龙”。有无“龙”不成席之说，随之而来各式“龙宴”也相继出现。

龙宴起源

提到“龙宴”首先就要说一说22年前成立的北京“京华名厨联谊会”。

众所周知，北京这座历史名城有着3000多年的建城史和800多年的建都史，文化底蕴深厚，尤以饮食文化源远流长，各地区、各民族的饮食烹饪技艺聚集京城，经过历代的不断创新和发展，已经逐步形成了一种品位高雅、技艺精湛、制作精良、风味独特的饮食风格，这令世人瞩目的文化硕果，是经过多少代厨师兢兢业业的辛勤劳动和无数次去粗取精、优胜劣汰而丰富、提炼出来的，可以说，他们是饮食文化的缔造者。但长期以来，历代名厨虽然为之付出了毕生精力，给人们带来了无数美的享受，推动了饮食文化的发展，但却很少得到应有的地位，受到人们的尊重，这不能不说是一个令人难堪的遗憾。在北京中国饮食文化研究会的不懈努力和环渤海食品有限公司的大力资助下，在市政府的关怀下，在当任北京市政府食品工业办公室副主任73岁高龄的李士靖老先生牵头组织下，北京“京华名厨联谊会”于1998年1月8日正式成立。它是由北京中国饮食文化研究会发起，聚集了北京地区多家饭店、酒家、饭庄的有名望、有贡献、厨德高、厨艺精的高级烹调技师、高级面点技师、宴会设计师和服务师、名厨，他们都是饮食行业的权威，很多担当过国家、省市、地区各类烹饪大赛的评委，他们有名望、有贡献、厨德高、技艺精，不愧为“中国国宝级烹饪大师”。

“京华名厨联谊会”

京华名厨联谊会的宗旨和任务

京华名厨联谊会是以北京地区著名烹调技师、面点技师、宴会设计师和服务师组成的社会团体，它的宗旨是，弘扬中华民族饮食文化，使之在新的历史时期进一步发扬光大，在著名厨师之间增强联系，加深友谊、开展学术交流、技艺研究、文化研讨等活动；提高烹饪文化主体——著名厨师的知名度和应有的社会地位。

京华名厨联谊会的主要任务是：

开展饮食烹饪文化的学术交流和理论研讨；

收集整理濒临失传的技术资料和制作技艺；

总结、交流、传授各流派名厨独特精湛的烹饪技艺，使其得到继承和发展。

编写出版名厨传记和名厨美食的影视资料；

研究、开发新式菜肴和面点的工艺技术，促进传统餐饮业与现代食品产业的结合与发展；

聘请名厨师会员在工作单位和“京华食苑”开展“名厨献艺”向各界展示名厨的精湛技艺和名菜名点；

组织会员参加国内和海外烹饪技艺表演与餐饮学术文化的交流与合作。

“京华名厨联谊会”的宗旨和任务

以“为名厨服务，发挥名厨作用，在生活上关心名厨，最大限度地向社会介绍名厨事迹，提高社会知名度，要使京华名厨们的创造性劳动和卓越贡献得到世人和社会的公认和重视，还饮食文化历史以本来面目”，这是京华名厨联谊会成立的宗旨和任务。

促进传统餐饮业与现代食品业的结合

京华名厨联谊会成立

……孙孚凌、于若木、姜习、张世尧、王文哲、杜子端、张学源、白介夫、王纯、臧洪阁等为京华名厨联谊会顾问。

京华名厨联谊会成立

本报讯　我国第一家以厨师为主体的社团组织“京华名厨联谊会”日前在京成立。54位著名的烹调技师、面点技师、宴会设计师和服务师已荣幸地成为第一批会员。

联谊会将以开展不同地区、不同菜系及海内外不同饮食文化之间的学术交流和理论研讨为己任，不断收集整理并继承濒临失传的菜肴和名点美食，开发新型菜肴、面点的工艺技术，编写出版名厨传记和名厨及美食的影视资料，举办名厨献艺的演示活动等等，以弘扬博大精深的中国饮食文化。

名厨作为烹饪文化的主体，长期以来并未得到应有的重视，人们进饭馆吃饭只知道饭馆有名、饭菜有名，却很少有人关心厨师是谁。京华名厨联谊会成立后，将大张旗鼓地推出名厨、宣传名厨。今年春节期间，他们与电视台合作，首次推出了以名厨与演员共同宣传饮食文化的文艺晚会，在社会上引起极大反响。　（惠克）

京华名厨联谊会顾问

孙孚凌　中国人民政治协商会议副主席、全国工商业联合会副会长。

于若木　中国营养指导委员会名誉会长。

姜　习　世界中国烹饪联合会会长、原商业部副部长。

张世尧　中国烹饪协会会长，原商业部副部长。

王文哲　中国食品工业协会会长、原轻工业副部长。

杜子端　中国食文化研究会执行会长、原农业部副部长。

张学源　中国食品科学技术学会副理事长。

白介夫　原北京市政协主席。

王　纯　原北京市副市长。

臧洪阁　北京市市长助理、北京市商业委员会主任等领导。

京华名厨联谊会会长

郭献瑞　北京烹饪协会会长，原北京市政府副市长。

京华名厨联谊会副会长

李士靖　北京中国饮食文化研究会会长、北京食品工业协会会长。

赵振华　北京烹饪协会副会长，北京中国饮食文化研究会副会长。

韩景泉　北京市商业委员会副主任。

京华名厨联谊会秘书长

周庆枝　原惠中饭店经理。

京华名厨联谊会副秘书长

何之绂　北京市饮食业烹饪服务研究会秘书长。

安　英　原北京市饮食业烹饪服务研究会副秘书长。

王有才　北京京华食苑副经理。

京华名厨共计64名（按年龄排序）

伍钰盛	高级烹调技师	北京峨嵋酒家
王守谦	高级宴会设计师	北京鸿宾楼饭庄
郑连福	高级宴会设计师	北京饭店
侯瑞轩	高级烹调技师	北京钓鱼台国宾馆
金永泉	高级烹调技师	北京晋阳饭庄
刘俊卿	高级面点技师	北京首都大酒店
康　辉	高级烹调技师	北京饭店
黄子云	高级烹调技师	北京饭店
张玉贤	高级宴会设计师	北京饭店

康富有　高级面点技师　北京西苑饭店

刘广华　高级面点技师　北京西苑饭店

张文海　高级烹调技师　北京东方饭店

张　隆　高级烹调技师　北京西苑饭店

马景海　高级烹调技师　北京又一顺饭庄

郭凤臣　高级面点技师　北京晋阳饭庄

刘锡庆　高级烹调技师　北京松鹤楼菜馆

林月生　高级烹调技师　北京饭店

孙仲才　高级烹调技师　北京朝阳厨师培训中心

高国禄　高级烹调技师　北京同春园饭庄

王义均　高级烹调技师　北京丰泽园饭店

郭文彬　高级面点技师　北京饭店

张占华（女）　高级面点技师　北京仿膳饭庄

时广南　高级烹调技师　北京丰泽园饭庄

扬　志　高级烹调技师　北京长征饭庄

赵德民　高级面点技师　北京听鹂馆饭庄

陈玉亮　高级烹调技师　北京饭店

郭锡桐　高级烹调技师　北京马凯餐厅

于凤仙（女）　高级烹调技师　北京厚德福酒楼

刘荣桂　高级烹调技师　北京五洲大酒店

董世国　高级烹调技师　北京仿膳饭庄

陈守斌　高级烹调技师　北京全聚德集团

兰鸿杰　高级烹调技师　北京森隆饭庄

崔玉芬（女）　高级烹调技师　北京国际饭店

赵树凤　高级烹调技师　北京聚德华天厨师培训中心

李玲珍（女）　高级烹调技师　北京华天饮食公司

杨学智　高级烹调技师　北京全聚德烤鸭店

萧玉斌　高级烹调技师　北京市技师学院

程明生　高级烹调技师　北京力力餐厅

白士清　高级烹调技师　北京烤肉季饭庄

孙英武　高级烹调技师　北京人民大会堂

张人诚　高级面点技师　北京宣武厨师培训中心

王志强　高级面点技师　北京前门饭店

刘国柱　高级烹调技师　北京贵宾楼饭店

荣学志　高级烹调技师　北京民族饭店

孙大力　高级烹调技师　北京四川饭店

20年前名厨师和领导合影

侯荣凤（女） 高级烹调技师 北京便宜坊烤鸭店

张铁元 高级烹调技师 北京柳泉居饭庄

曾凤茹（女） 高级宴会设计师 北京东方明珠酒家

李启贵 高级烹调技师 北京泰丰楼饭庄

李国海 高级烹调技师 北京松鹤楼饭庄

赵学文 高级烹调技师 北京西苑饭店

李永臣 高级烹调技师 北京西苑饭店

李大永 高级烹调技师 北京聚兴楼饭庄

顾九如 高级烹调技师 北京全聚德烤鸭店

田润福 高级烹调技师 北京贵宾楼饭店

刘 刚 高级烹调技师 北京饭店

曹化禄 高级烹调技师 北京丰兴园饭庄

郝铁春 高级面点技师 北京化贸大厦

范业宏 高级烹调技师 北京友谊宾馆

李 刚 高级烹调技师 北京103中学

张志广 高级烹调技师 北京宣武厨师培训中心

黄 凯 高级烹调技师 北京孔膳堂饭庄

杨德才（女） 高级宴会设计师 北京服务管理学校

董振祥 高级烹调技师 北京团结湖烤鸭店

当时《北京晚报》《中国商报》《北京名牌时报》等多家媒体给予报道，《中国食品报》写道："全国第一家以弘扬中华民族饮食文化和提高优秀厨师应有社会地位为宗旨的地区性社会团体——京华名厨联谊会，本月18日在北京成立。具有800年建都历史的北京，由于长期处于全国文化中心位置，其烹饪和饮食文化积累了博大精深的内涵，成为具有悠久历史的中华民族文化的重要组成部分。据悉，这样的厨师社会团体，在全国是首次出现。"成立当天许多老将军、各级领导和党内外知名人士纷纷前来祝贺。著名书法家爱新觉罗溥杰书写了"中华美馔，名扬华夏"八个大字以示祝贺。

名厨联谊会成立后按照其宗旨和任务做了大量工作。在北京南部有一环境优美的龙潭湖公园，在它西门北侧有一座四合院式庭院，向东延伸有上下两层三座殿堂，四面临水的龙吟阁水榭，占地面积共计4000多平方米，建筑面积2000多平方米，可以同时接待200多位宾客就餐，在夏季和秋季可以容纳300多人用餐和举办各种类型

中華美饌 名揚華夏

愛新覺羅溥傑

会议，这就是名厨联谊会旗下的实体“京华食苑”餐厅。在它的门前高高竖起一根仿古大旗，旗上四个金黄大字“京华食苑”，旁边一座仿宋大牌楼，路过那里的行人还可以看到一只巨大无比形似老北京小吃里沏茶汤用的大铜壶。大铜壶是一件铜雕艺术品，高3.18米，宽4.58米，这一个构思独特、气势雄伟的龙嘴“壶王”，突出了老北京喜闻乐见的民俗风情，成为“京华食苑”环境特色的鲜明标志，这也是独一无二的，也为首都名园龙潭湖又增一处新颖的人文景观。

“京华食苑”以“名”“真”“优”三字作为京华食苑的企业精神和经营理念。在经营中，菜品以北方地区和北京菜系以及名店名家的菜肴，如“宫廷菜”“王府菜”“民间菜”“清真菜”“素菜”“鲁菜”“辽菜”和老北京的面点、小吃等为基础择取精华。博采众家之长后，经过认真挖掘、提高和创新，菜名集中表现文化内涵丰富的北京地区饮食文化特色。另外这里还是京华名厨联谊会的活动基地，成为与食品、餐饮有关的领导部门和社会团体举办经济、技术、学术、文化研讨会及海内外交流活动的场所。当时餐厅邀请了北京著名厨师、面点师、服务师举办“名厨献艺”“名菜酬宾”活动，让广大食客品尝到各种风味流派的菜品。在这环境优美的龙潭湖公园，进入古色古香的京华食苑，登上金碧辉煌的龙吟阁水榭，使来此地就餐和品茶的宾客既饱口福又饱眼福，得到物质文明与精神文明的享受。

“京华食苑”在经营中本着“京华名厨联谊会”副会长李士靖提出的“名”“真”“优、”三字要求，以名园、名厨、名菜、名点为主题，特色在于京华，京华贵在精华；而“真”便是要求这里真有风味、真材实料、真诚待客、真讲卫生、真重文化，体现“真”的头一步，便是要把老百姓稀罕的，在京已绝迹多年的老北京风味挖掘出来。老北京常见的风味小吃有300多种，而今已有许多很难见到，像“马蹄烧饼”“烙糕”“烤肉武吃”等。在李会长的努力下，名厨们克服重重困难，千辛万苦，终于将这些消失已久的北京小吃挖掘出来，呈现在老百姓的餐桌上。“烙糕”就是其中之一绝迹多年的小吃食品，京华食苑设立“烙糕”餐台，并找到了有3000多年历史并沿袭下来的古老食器——鏊锅，恢复老北京人和北方地区人们喜爱的吃食——“烙糕”。老北京人都知道烤肉有文吃、武吃两种吃法，所谓文吃，是指厨师在厨房把肉烤熟后，由服务员端上餐桌；所谓武吃，是指由顾客自己选择已切好的新鲜牛、羊肉，围着火炉，脚踏原木板凳，边饮酒，边亲自烧烤的古朴粗犷的吃法。“京华食苑”为恢复老北京“武吃”烤肉的传统特色，专门修建了

文吃武吃茶汤焦圈马蹄烧饼

京华食苑 老北京的小吃够味儿

本报记者 刘一达

前几天，李士靖先生邀我到龙潭公园西门北侧的京华食苑转了一遭。老李是市政府食品工业办公室副主任，北京中周饮食文化研究会会长。在京城食品界小有名气，搞了一辈子“吃”，一肚子的食文化。“来吧，让你尝尝京味儿。”老李笑着对我说。

来到京华食苑，果然有点稀的，门口戳着一个大旗杆和高3米多长4米多的龙嘴大茶壶，边儿上是个直径2米多的大海碗，这两样冲茶汤用的家伙堪称京华之最，当然这是铜雕，老李告诉我大茶壶和大茶碗是食苑的形象标志。食苑借公园一方宝地，单辟出一个四合院，外加园内的龙吟阁水榭，占地面积4000多平方米，古色古香，透着幽静。老李是研究吃的，他介绍说，“京华食苑的特色是北方菜系的名家名菜精华大荟萃，由于有近百位京城名厨组成的京华名厨联谊会为依托，其菜品的精到自不必说。在开列的菜单上，记者看到宫廷菜、王府菜、民间菜、清真菜、素菜、京菜、鲁菜、辽菜等各家名派，都是择其精华、选其代表之作。老李对我说，食苑的经营观念突出3个字：名、真、优。所谓名，是名园、名店、名厨、名菜、名点。您坐在这儿，可以任点名厨名菜。当然，论其特长，最让我感兴趣的是这里的老北京面点小吃。

“你是尝流食、干件，还是尝炸件？”老李问我。敢情食苑把老北京的传统风味小吃给分成了款式。他对我说，流食有茶汤、豆汁、油茶、杏仁茶、小豆粥。炸件有炸馓子、炸素签、炸鹅脖、炸响铃、炸咯炸、炸卷果、炸佛手、炸春卷、炸焦圈、炸元宵、炸肉串、炸年糕……嗬，老北京小吃当中那些炸物几乎让食苑给概括全了。其实让我想动筷子的是“武吃”烤肉和“鏊锅”做出来的烙糕，当然，马蹄烧饼夹焦圈就咸菜丝，再来两碗豆汁，吃着才够味儿。

说到“武吃”，食苑的这一手算是真正的“复古”，院内有两大铁铛，您一脚蹬着木凳，两手拿着一米来长的大木筷子，自己在上面烧肉，再配上一瓶老酒，透着几分粗放与豪爽，武吃嘛，真有味儿。自然，这些精美的小吃，价码儿也不贵。“食苑的宗旨就是要振兴北京小吃，弘扬老北京的食文化。”老李喝了

选自1998年2月26日北京晚报

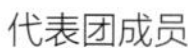

代表团成员

京华名厨联谊会秘书长周庆枝

三座仿古亭台。值此天寒地冻之时，在烤肉亭中，众食客围着火炉，边烤边吃，边饮边聊，瞻望龙潭湖的雪景，别有一番情趣，不亦乐乎。这些场景在当时有很多媒体给予了报道。

更值得一提的是，名厨联谊会成立不久，接到哈尔滨“京味斋”酒楼的邀请表演烹饪技艺和“满汉全席”的制作，历行15天，得到一致好评。名厨联谊会选派代表团由秘书长周庆枝为团长（1934年出生，1951年参加工作，1961年在北京市服务管理学校任教导处主任、党委书记、副校长等职，1984年5月担任北京惠中饭店燕京八景经理，1986年任宣武门饭店党委副书记、总经理，1993年退休后担任京华名厨联谊会秘书长。2017年10月16日过世，享年83岁），成员有中国烹饪大师宫廷菜传人董世国（上图左三），中国烹饪大师谭家菜传人陈玉亮(上图左四），中国烹饪大师听鹂馆面点大师赵德民（上图右四），中国烹饪大师冷菜大师于凤仙女士（上图右二），中国烹饪大师鲁菜大师孙仲才（上图右三），中国烹饪大师柳泉居饭庄京菜传承人张铁元（上图左二），中国烹饪大师冷菜大师国际金牌首获者张志广（上图左一），中国烹饪大师“京华食苑行政总厨”赵新林（上图后排中间），京华名厨联谊会会长助理孟元先生（上图前排中间），面点大师肖娜女士（上图前排）。上述专家组成表演团圆满完成表演任务，哈尔滨各大媒体相继给予报道，得到一致好评。

为促进海峡两岸饮食文化和烹饪技艺的交流，应中国台湾台北中华美食团组委会的邀请，联谊会组成“京华名厨代表团”赴台进行烹饪技艺表演，代表团成员有：

团　长：韩景泉　高级经济师　北京市商业委员会副主任

秘书长：赵树凤　高级烹调技师　中国国宝级烹饪大师

成　员：金永泉　高级烹调技师　中国国宝级烹饪大师

时广南　高级烹调技师　中国国宝级烹饪大师

董世国　高级烹调技师　中国国宝级烹饪大师

京华名厨参加台湾美食节资料照片

张志广　高级烹调技师　中国国宝级烹饪大师

郭文彬　高级面点技师　中国国宝级烹饪大师

赵德民　高级面点技师　中国国宝级烹饪大师

荣学志　高级烹调技师　中国国宝级烹饪大师

历行14天，进行了10场表演，轰动了整个台湾地区，载誉而归。

回到北京后没多久，在1998年9月23日下午2时，当时的市领导及商委领导在北京市政府会议厅接见京华名厨联谊会从艺50年以上的20位著名厨师和赴台湾地区参加中华美食展获得特别奖的8位名厨，并与各位名厨合影留念。

名厨联谊会成立一周年后，正值龙年的到来，李士靖老先生想到“京华食苑”坐落在“龙潭湖”公园西侧，其水榭“龙吟阁”气势恢弘，装饰以龙的图案为主，典雅辉煌。雕梁有云龙螭龙，画栋有行龙坐龙，殿柱有升龙降龙，饰物有拐子龙，特别是那里收藏着一件几米宽的整枝原生巨大根雕艺术品“二龙戏珠”，更给这建筑群带来画龙点睛之笔。想到这儿，又联想到各式各样的宴席，这家饭庄何不做出以“龙”为主题的菜肴，这就是“龙宴”构思的初衷。

名厨和领导合影照片

庆祝京华名厨从艺50年大会

庆祝京华名厨大师华诞大会

龙宴设计

龙文化在中国流传广泛，尤其是在饮食方面更是留有重彩篇章。李会长组织名厨师们查找资料，发动名厨收集整理各地方风味菜肴中带“龙”字的菜肴，最后集中了200余道带“龙”字的菜肴，京华名厨联谊会在北京小汤山九华山庄，开了3天“龙宴研讨会”，请来了饮食文化专家，研讨龙宴的设计方案。李会长讲：搞龙宴，主要不是创新菜肴，而是创新主题宴会，但不少菜肴是变化、移植、借鉴、翻新所得，菜肴名称是美化菜肴的重要形式，除龙眼、龙豆等直接用原料之名外，大部分是以寓意命名的，在传统烹饪原料中和古老菜肴中一般把蛇、鱼、蟹、虾、海参等称为“龙”，鸡称为“凤”，烹制成具有吉祥意义的菜肴，如：“龙凤吉祥”“龙凤配”“乌龙吐珠”等。名厨们根据不同层次的消费设计了不同档次、不同风味、不同形式的“龙宴”，共计28组宴席。

20年前龙年龙宴龙菜研讨会照片

龙宴宴席菜单

京华龙宴（素）

冷菜：龙凤拼盘　六围碟

热菜：龙衣冬笋　子龙口蘑　长龙扁豆　龙须双素　龙凤鸡腿　龙眼素鸡　龙门豆腐　龙塞面筋

汤：白龙过江

面点：盘龙蜂糕　龙须拉面　龙王献寿　碧绿龙糕

设计者：林月生，生于1930年，高级烹调技师。1994年在上海“功德林”素菜馆学徒，拜名厨赵吉

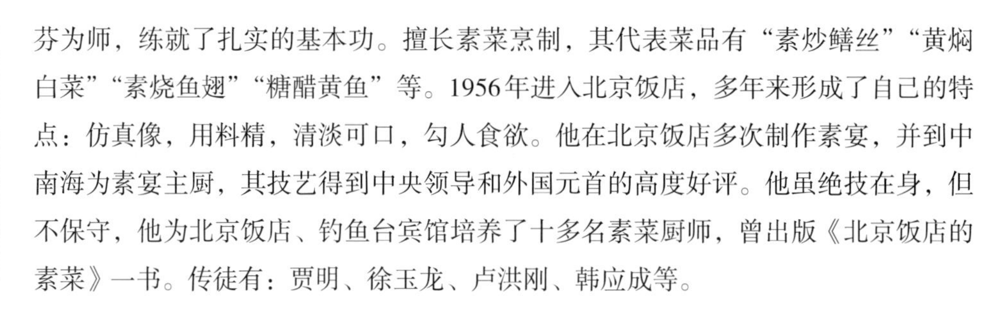

林月生

芬为师，练就了扎实的基本功。擅长素菜烹制，其代表菜品有“素炒鳝丝”“黄焖白菜”“素烧鱼翅”“糖醋黄鱼”等。1956年进入北京饭店，多年来形成了自己的特点：仿真像，用料精，清淡可口，勾人食欲。他在北京饭店多次制作素宴，并到中南海为素宴主厨，其技艺得到中央领导和外国元首的高度好评。他虽绝技在身，但不保守，他为北京饭店、钓鱼台宾馆培养了十多名素菜厨师，曾出版《北京饭店的素菜》一书。传徒有：贾明、徐玉龙、卢洪刚、韩应成等。

京华龙宴（素）

冷菜：油焖花菇　盘龙黄瓜　葱油千丝　龙卷豆角　番茄龙须　五香烤麸
　　　龙井冬笋　香菇面筋　龙苑食蔬

热菜：龙须素翅　盘龙素鸭　龙丝鳝糊　龙凤蟹粉　龙骨什锦　龙眼虾球
　　　龙猴头蘑　龙肉三元

汤：什锦龙锅

面点：三鲜龙须面　懒龙花卷　龙眼小包　高丽龙肉

设计者：林月生

京华龙宴（京菜风味）

冷菜：三荤三素　龙苑食蔬

热菜：清炒龙脱壳　干蒸龙腰　龙舟三彩羊　龙骨全烩　红焖龙骨牛尾
　　　乌龙烧牛筋　龙鼎羊尾

汤：猛龙过江

面点：龙凤小角　金龙虾　龙凤饼　香麻龙凤卷

王守谦

设计者：王守谦，生于1918年，高级宴会设计师，原任职于北京鸿宾楼饭庄，为京华名厨联谊会会员。20世纪30年代在天津鸿宾楼饭庄学徒，1955年随鸿宾楼饭庄迁至北京，在鸿宾楼饭庄工作期间，他言传身教，耐心授徒，无私地把多年的宝贵经验传给后起之秀，并多次担任北京市服务技师比赛裁判长，圆满地完成了各项任务。

中华龙宴（京菜风味）

冷菜：群龙庆福（彩拼）　六围碟

热菜：龙须海羊　龙腐两吃　龙虾三吃　龙籽银条　鲜龙须菜　龙骨鸭掌
　　　龙贝酒蒸鸭子

汤：龙蟹火锅汤

面点：龙丝卷　龙眼饺　龙丝饼　金龙虾

设计者：王守谦

中华龙宴（京菜风味）

冷菜：群龙庆福（彩拼） 六围碟

热菜：龙须燕窝 扒蟹黄龙筋 软炸银龙 一龙两吃 崩白龙丁 子龙烧鲜笋
金龙蒸全鸭 炸龙鳞脊髓

汤：银龙闹海

面点：龙子蛋黄糕 金龙虾玉卷 龙珠角 龙凤饼

设计者：王守谦

京华龙宴（京菜风味）

冷菜：龙凤卷 龙井鲜鱼 乌龙卷 氽龙丝 蟠龙鸭卷 辣油龙豆 龙苑时蔬

热菜：龙井金鱼 龙凤鱼球 龙舟鱼卷 龙腿凤肝 龙眼咸烧白 龙爪凤筋
乌龙扒广肚

汤：氽乌鱼片

面点：龙凤烧 龙凤饼 香麻龙凤卷 金龙虾

金永泉

设计者：金永泉，生于1920年，高级烹调技师，原北京晋阳饭庄名厨，为京华名厨联谊会会员。1935年在柳园饭庄学徒，从事烹饪事业60余年，技艺精湛，服务周到，受到各界人士的好评。他精通京菜、晋菜，对其他菜系也有较深造诣，他的技术全面，烹饪知识广博，尤以制作各式泥茸菜肴见长。历任全国，北京市各级、各类烹饪大赛评委，在烹饪界有较高声誉。代表菜品：柴把鱼翅、凤栖燕窝、鸡茸荷花燕窝、芙蓉龙虾脯、金钱大乌参、茉莉酿竹荪、扒酿鱼肚、香酥鸭、四生火锅、什锦火锅、瓤金钱猴头蘑、蚕茧豆腐等。

中华龙宴（京菜风味）

冷菜：九龙迎回归（彩拼） 六围碟

热菜：灌汤蟹肉龙虾脯 龙穿凤衣 龙飞凤舞 龙井虾仁 龙腿肉卷
凤筋龙爪 游龙戏凤 群龙戏牡丹 扒龙须鲍鱼 龙舟活鱼

汤：龙凤鱼翅羹

面点：龙凤素饺 龙须面 龙凤素饼 盘龙酥盒

设计者：金永泉

京华龙宴（鲁菜风味）

冷菜：双龙报喜（彩拼） 六围碟

热菜：红枣龙眼肉 过油龙凤片 炸烹蛟龙段 金龙扒菜心 龙条酥炸
乌龙天蓬肘 金鲤跳龙门

汤：酸辣龙凤羹

王义均

面点：龙凤汤包　龙凤炸小卷　龙城卷烙馅饼　果仁龙蛋糕

设计者：王义均，生于1933年，高级烹调技师，原丰泽园饭店名厨，为京华名厨联谊会会员。1945年到致美斋学徒，半年后转入丰泽园跟孙懋峰、朱家德学习刀工技术，后又拜王世珍为师进一步深造，他的烹饪技术全面，爆、炒、熘、扒、烩等无一不精。1983年参加第一届中国烹饪大赛，荣获“全国最佳厨师”称号。代表菜品：葱烧海参、干㸆大虾、龙须全蝎、烩乌鱼蛋、锅烧肘方、糟熘鳜鱼片等。

盛世龙宴（鲁菜风味）

冷菜：花海银龙（彩拼）　六围碟

热菜：龙凤呈祥　烧扒双龙　炸龙须全蝎　扒龙须灵芝　芫爆龙凤丝
　　　大蒜烧白龙背　金龙脱袍　香糟龙回头

汤：酸辣龙胎羹

面点：龙凤汤饺　盘龙酥盒　龙子蛋黄糕　龙腾煎粉果

设计者：王义均

世纪龙宴（鲁菜风味）

冷菜：群龙祝福（彩拼）　六围碟

热菜：一品龙牙燕　砂锅龙筋　炸空心龙虾球　塌玉棒龙须　龙珠朝金凤
　　　清蒸三彩火龙　炒黄龙脱袍　四龙驾雾

汤：龙群乌凤汤

面点：龙虾蟹盖黄　盘龙酥盒　龙腿鸡油盘丝饼　龙凤汤包

设计者：王义均

盛世龙宴（淮扬风味）

冷菜：六围碟　龙苑食蔬

热菜：蟹黄烧龙蜃　青龙两吃　白扒龙须　龙鱼干烧　龙须脆皮鸡
　　　龙井扒银耳　龙井虾仁　荷包龙鲫

汤：龙参三鲜汤

面点：龙须糕　龙凤烧卖

高国禄

设计者：高国禄，生于1930年，高级烹调技师，原北京市华天饮食公司同春园饭庄名厨，为京华名厨联谊会会员，擅长烹饪淮扬菜。1985年被北京市服务管理学校聘为兼职教师，1987年被北京市烹饪服务研究会聘为高级厨师培训班讲师，1988年担任北京市饮食行业特级技术等级考核评判委员，1989年被北京市饮食服务总公司聘为烹饪技术讲师。代表菜品：松鼠鳜鱼、炒鳝糊、干烧鳝段、青龙脆鳝、两吃大虾、翡翠鱼肚、鸡茸白兰花、龙凤七星丸、龙宫宝鸭、麒麟龙鱼、麻酱鲍鱼、狮子头、烧猪头、水晶肴肉、干烧冬笋等。

盛世龙宴（淮扬风味）

冷菜：白斩鸡　肴肉　拌干丝　五香鱼　羊羹　炝薄荷龙须　龙苑食蔬

热菜：龙筋燕菜　龙太子元鱼　龙鱼　龙宫宝鸭　乌龙扒广肚　青龙脆鳝
　　　龙凤西兰花　龙井虾仁

汤：龙肉七星丸

面点：龙凤汤包　龙凤鸡油盘丝饼　果仁龙蛋糕　盘龙金果

设计者：高国禄

盛世龙宴（鲁菜风味）

冷菜：龙奉厚禄（彩拼）　金龙盏　龙凤双喜　金龙戏彩球　蛟龙出海
　　　琥珀玉龙片　龙潭春色

热菜：龙虾三圆　扒酿乌龙　炸龙风卷　龙须三素鲍鱼　油爆墨龙花
　　　炸黄龙筒　群龙戏凤　千禧龙藏鲜

汤：龙凤脯竹荪汤

面点：龙凤汤角　龙井九层糕　龙凤金银果　龙凤春卷

萧玉斌

设计者：萧玉斌，生于1945年，高级烹调技师，原在北京市服务管理学校任职，为京华名厨联谊会会员。1964年毕业于北京市服务管理学校，先后在上海美味斋餐厅、萃华楼饭庄任厨师，擅长鲁菜，刀工技艺精湛，烹调知识丰富。1987年到饮食服务总公司培训中心服务管理学校任教，同年获“北京市优秀厨师”称号。代表菜品：油爆双脆、油爆肚仁、油爆鱿鱼卷、酱爆鸡丁、酱汁活鱼、油酥大鞭花、酸辣鞭花汤、炸烹鸭条、八宝鸭、三鲜酿鱼、八宝酿鱼等。

盛世龙宴（湘菜风味）

冷菜：双龙报喜（彩拼）　六围碟

热菜：炸龙凤土司饼　滑溜龙凤片　酸辣龙凤球　紫龙脱袍　一品龙眼海参
　　　龙凤和平　蟠龙白鳝　西湖龙虾　龙虾子玉兰片

汤：龙井鸡片汤

面点：香炸龙凤卷　双色龙须面　龙须糕　金龙虾

郭锡桐

设计者：郭锡桐，生于1936年，高级烹调技师，马凯餐厅名厨，为京华名厨联谊会会员。1952年进京，在“同力泉”馒头铺学徒，1956年进入马凯餐厅，先后拜湖南长沙“半香乐”名厨于和生、长沙“曲园”酒楼名厨喻竹庭、“怡乐园”名厨王近仁为师，并在继承传统湘菜的基础上，不断创新。其烹饪技艺素以选料严谨，制作精细、品种丰富多彩著称。代表菜品：东安子鸡、麻辣子鸡、豆椒蒸腊肉、炒嫩鳝鱼、东坡方肉、豆椒肉丝、酸辣鱿鱼片、腊味合蒸、冬笋鱿鱼里脊丝等。

李国海

设计者：李国海，生于1952年，高级烹调技师，松鹤楼菜馆经理，为京华名厨联谊会会员。1971年从事厨师工作，先后师从李适山、王兰亭、刘锡庆等老师专攻江苏菜。1984年，担任北京松鹤楼菜馆厨师长。1986年当选为“北京市优秀厨师”，1988年参加北京市首届烹饪技术比赛，获得“京龙杯”金奖。代表菜品：松鼠鳜鱼、鸳鸯扣三丝、蝴蝶鳝丝、碧螺虾仁、响油鳝糊、荷叶粉蒸肉、翡翠虾斗、红凇鸡腿、枣红桔酪鸡等。

盛世龙宴（宫廷菜风味）

冷菜：祥龙献寿（彩拼） 六围碟

热菜：龙蓉莲蓬银耳　龙条干煸三丝　龙眼溜凤脯　龙凤荷包三鲜　龙凤鸳鸯蛋　乌龙吐珠　烩炒白龙　一品豆腐

汤：双龙一品火锅

宫廷面点：龙珠角　龙凤烧麦　群龙夺宝　龙须糕

董世国

设计者：董世国，生于1936年，高级烹调技师，京华名厨联谊会会员。1950年在北京北海揽翠轩学艺，1955年到仿膳饭庄从事烹饪工作，拜宫廷菜名厨王晨春为师，成为仿膳宫廷菜的第三代传人。代表菜品：佛手鱼翅、海红鱼翅、罗汉大虾、鱼藏剑、八宝金钱香菇、四喜核桃鸭等。

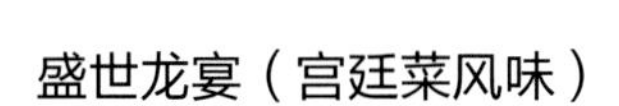

盛世龙宴（宫廷菜风味）

冷菜：蜜饯龙眼　龙眼红果　龙苑时蔬　龙凤呈祥　炝玉龙片　龙须双菜　莲花龙卷

热菜：龙凤双锤　卧龙戏珠　如意乌龙　陡滑飞龙　鲤鱼龙门　龙衔海棠　龙凤柔情　龙井竹荪

汤：御龙火锅

面点：玉盏龙眼　二龙戏珠

设计：董世国

中华龙宴（宫廷菜风味）

冷菜：祥龙献寿（彩拼） 六围碟

热菜：清汤龙井竹荪　龙凤鱼翅四宝　龙舟元粒鲍鱼　龙片炸珍珠大虾　龙须扒双菜　乌龙烧广肚　龙眼松鼠鳜鱼　龙宫葵花鸭子

汤：龙眼银耳汤

面点：四喜龙蛋卷　龙城棋子馅饼　龙凤汤包　盘龙酥盒

陈玉亮

设计者：陈玉亮，生于1935年，高级烹调技师，京华名厨联谊会会员。陈玉亮师从谭家菜名厨彭长海，1958年随谭家菜班子调入北京饭店。为使谭家菜日臻完美，他不仅掌握了谭家菜品的具体做法，和师傅经过多年的研究，将谭家菜由原来的百余种菜肴创新发展到200多种。他的拿手菜品主要有：清汤燕菜、黄焖鱼翅、红扒大乌参、罗汉大虾、柴把鸭子、五彩素烩等。陈玉亮在北京饭店任总厨师长期间，在为党和国家领导人及中外宾客服务中，获一致赞扬。他多次出国表演烹饪技术，均获殊荣。1984年陈玉亮被选为东城区人民代表，1988被选为东城区政协委员。

中华龙宴（官府菜风味）

冷菜：龙凤厚禄（彩拼） 六围碟

热菜：龙井鸽蛋银耳汤 乌龙生翅 龙盘罗汉大春虾 龙眼海王鲍鱼
龙须五彩素烩 虫龙罐焖鹿肉 龙舟清蒸雪鱼 海龙干贝酥鸭

汤：双龙过海

面点：蟹黄小龙汤包 龙腿鸡油盘丝饼 盘龙金果 金龙虾玉卷

设计者：陈玉亮

世纪龙宴（官府风味）

冷菜：群龙庆福（彩拼） 六围碟

热菜：龙须清汤燕菜 虫龙黄焖大群翅 生吃大龙虾 龙鸽海王鲍鱼
龙眼干贝扒双菜 乌龙烧裙边 龙身柴把鸭子 龙凤鸡腿带花

汤：双龙过江

面点：金龙虾 香辣龙凤卷 龙虾蟹盖黄 盘龙酥盒

设计者：陈玉亮

京华龙宴（京菜风味）

冷菜：莲花龙卷 黄瓜拌龙丝 龙子长生豆 龙须双菜 黄龙芹菜
龙苑食蔬 龙凤卷

热菜：黄龙烧肉丸 香炸龙太子 龙凤迎世纪 双龙过江 炒龙凤丝
龙太子豆腐 清炒龙豆 拔丝龙眼

汤：龙凤汤

面点：龙凤汤包 龙凤春段 蟠龙酥盒 龙井如意卷

设计者：赵树凤 张铁元

赵树凤

赵树凤，生于1944年，1962年于北京服务学校毕业，同年参加工作，在北京同和居饭庄担任厨师、厨师长、总经理，国家高级技师考评委员会评委，北京西城烹饪协会秘书长，北京市华天饮食公司集团培训中心副校长，高级烹调技师，中国烹饪大师，京华名厨联谊会会员。赵树凤从厨40多年，一直在同和居饭庄工作，得到了前辈宋金义等师傅的真传，精通京、鲁菜，尤其擅长制作同和居看家菜三不沾、潘鱼、粉皮辣鱼等。数次获得各级烹饪比赛奖牌，曾多次出国表演技艺和交流、讲学、广受欢迎。传徒有柳泉居饭庄厨师长杨凤海，天伦王朝陈刚，张福玉、牛双振等。

京华龙宴（京菜风味）

冷菜：莲花龙卷　黄金龙片　龙凤庆喜　龙凤芹黄　辣油龙豆　扇面龙须
　　　龙苑食蔬

热菜：虾子烧龙衣　金丝海龙蟹　龙凤迎世纪　龙舟载宝　龙眼里脊
　　　莞爆龙凤丝　龙戏凤尾　龙迎凤还巢

汤：酸辣龙凤汤

面点：龙须面　龙凤喜饼

设计者：赵树凤　张铁元

京华龙宴（京菜风味）

张铁元

冷菜：龙丝拌黄瓜　黄龙金片　灯笼龙虾　炝龙豆

热菜：乌龙扒广肚　香味龙凤卷　炒龙凤丝　群龙戏珠　金龙鳜鱼　芙蓉龙虾脯
　　　扒双菜龙须　拔丝龙眼

汤：三鲜龙凤汤

面点：龙须面　龙凤饼　龙凤饺　龙凤糕

设计者：赵树凤　张铁元

盛世龙宴　（京菜风味）

冷菜：龙飞凤舞庆回归（彩拼）　灯笼龙虾　拌龙丝　辣油龙豆　酸辣龙片
　　　扇面龙须　龙凤庆喜

热菜：乌龙吐珠　炸龙凤卷　盘龙庆回归　盘龙黄鱼　龙眼烧茭白
　　　氽龙凤丝　扒龙须　龙迎凤还巢

汤：双龙戏水

面点：金鱼龙须面　四喜龙饺

设计者：赵树凤　张铁元

盛世龙宴（京菜风味）

冷菜：龙凤呈祥（彩拼）　龙戏凤尾菜　灯笼龙虾　黄金龙片　甜辣龙豆
　　　莲花龙卷　拌龙丝

热菜：乌龙与凤凰　香炸龙凤卷　清炒龙凤虾　黄龙三吃　龙太子闹巢
　　　芙蓉龙虾脯　扒龙虾双素　香辣双龙丝

汤：翡翠龙凤汤

设计者：赵树凤　张铁元

盛世龙宴（京菜风味）

冷菜：喜迎世纪龙年（彩拼） 灯笼龙虾 龙太子鲍脯 辣油龙凤丝
龙丝拌黄瓜 时菜炝龙豆 莲花龙卷

热菜：乌龙鲍脯 酥炸海皇龙 群龙戏珠 龙须鳜鱼 竹荪酿龙凤
虾子烧龙衣 龙须双菜 拔丝龙眼

汤菜：八宝游龙汤

面点：龙须面 龙凤饼 龙凤饺 龙凤糕

设计者：张志广

张志广

张志广，生于1955年，高级烹饪技师，京华名厨联谊会会员，中国烹饪大师。1974年进入厨行，拜名厨马德明、金永泉、严双才为师学习京菜、鲁菜的制作，后专攻冷菜，其得意作品有天女散花、龙凤呈祥、凤戏牡丹等。1986年参加卢森堡第五届奥林匹克世界烹饪大赛，荣获金牌；1987年获得“北京优秀厨师”称号；1988年在首届“京龙杯”烹饪大赛中，获冷菜第一名和京龙杯奖；同年参加第二届全国烹饪技术大赛获三金一铜的好成绩；1993年在全国第三届烹饪大赛中获团体金牌。传徒有吴征、王峰、刘俊、王辉、胡宏坡、郑玉彬等。

京华龙宴（川菜风味）

冷菜：双龙戏珠（彩拼） 六围碟

热菜：龙舟渡金水 群龙戏珊瑚 盘龙尝明珠 凤翅龙肉果 酿扒乌龙参
龙凤燕尾虾 兰花龙肚脯 金龙桃花虾

汤：银龙莲蓬汤

面点：鲜虾龙珠角 龙嘴什锦包 紫菜蟠龙卷 龙凤金银果

李刚

设计者：李刚，生于1955年，曾任北京市103中学校长、北京市酒店管理职业学校书记兼校长，研究生学历，享受国务院政府特殊津贴，高级讲师，中国烹饪大师，擅长鲁菜制作兼修川、粤、淮扬菜，刀工技能娴熟，被誉为“飞刀李”。数次赴欧洲多国讲学，传播中国饮食文化，被誉为“中国烹饪文化使者”。先后发表专业学术论文数篇，曾撰写《餐饮业行话俗语通释》《烹饪刀工述要》等十余部专著和教材。曾荣获：北京市十大杰出人民教师奖，北京市有突出贡献的科学、技术、管理专家、北京市业务技术能手等称号。传徒有李振岩、王月智、张玉洁等。

京华龙宴（鲁菜风味）

冷菜：龙潭春色（彩拼） 双凤伴龙 金龙闹海 青龙过海 金龙探爪
五彩龙珠 龙苑食蔬

热菜：龙虾贝脯 锅仔龙凤卷 酥炸龙眼 群龙戏凤 鸡汁扒龙须 锅塌龙须
刺参龙虾片 巢龙凤丁

汤：龙须羹

面点：龙凤汤包　蟠龙酥盒　龙凤春段　龙井如意卷

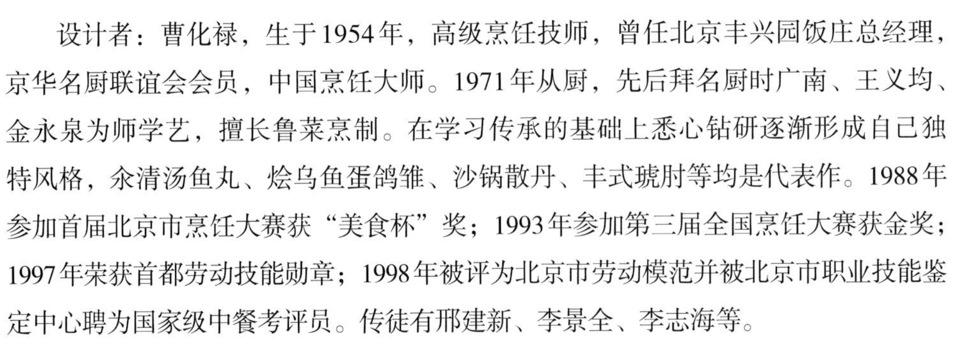

曹化禄

设计者：曹化禄，生于1954年，高级烹饪技师，曾任北京丰兴园饭庄总经理，京华名厨联谊会会员，中国烹饪大师。1971年从厨，先后拜名厨时广南、王义均、金永泉为师学艺，擅长鲁菜烹制。在学习传承的基础上悉心钻研逐渐形成自己独特风格，余清汤鱼丸、烩乌鱼蛋鸽雏、沙锅散丹、丰式琥肘等均是代表作。1988年参加首届北京市烹饪大赛获“美食杯”奖；1993年参加第三届全国烹饪大赛获金奖；1997年荣获首都劳动技能勋章；1998年被评为北京市劳动模范并被北京市职业技能鉴定中心聘为国家级中餐考评员。传徒有邢建新、李景全、李志海等。

中华龙宴（川菜风味）

冷菜：龙苑时蔬

热菜：龙凤呈祥　红龙玉带　雪染龙须　乌龙拜寿　龙井鲍鱼　龙人风缘

汤：龙马童鸡

小吃：龙抄手　龙点双辉

甜品：参枣龙骨

刘国柱

设计者：刘国柱，生于1948年，高级烹调技师，曾任北京饭店中餐厨师长、北京贵宾楼饭店川菜出品行政总厨，擅长制作川、粤菜，技艺精良。在北京饭店工作期间，多次组织安排接待党和国家领导人及各国元首，具有丰富的外事服务经验。1991年被世界美食学会授予“金项链”最高荣誉，是中国第一位该会会员。代表菜品：蟹黄大鱼翅、三圆烧牛头、开水黄映白、红烧窝麻鲍、宫保虾球等。

1999年12月24日，《中国食品报》以“中华大菜龙宴出京华”的题目对龙宴进行全面的报道，并写道：“名城、名园、名厨师献名肴，龙年、龙潭、龙吟阁摆龙宴。”一位资深中国饮食文化专家，在研究了龙宴系列的菜谱后，评价说：“没有名厨联袂，不可能成此气候。中国厨艺的最大特点是个人艺术风格不同，京华名厨联谊会把数十位‘国宝级’厨师几代、积累数十年的拿手菜肴，以‘龙’字连成席，铺成宴，集各种风格流派于一室，在世纪之交，展示出了20世纪中华美食的最高水平。”

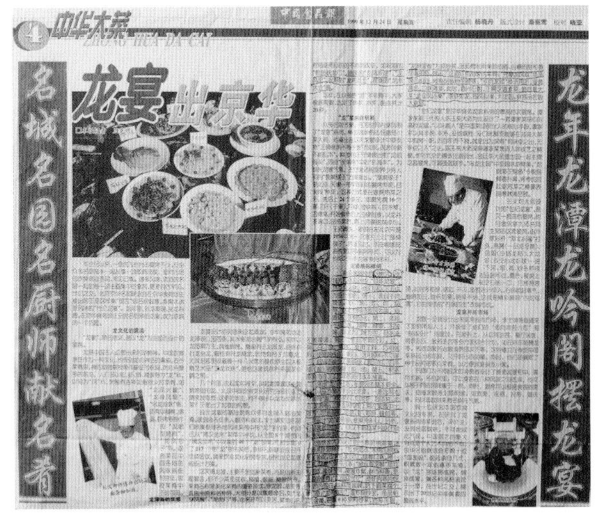

中华大菜

龙宴出京华

名城名园名厨师献名肴

龙年龙潭龙吟阁摆龙宴

20年前的龙宴资料

据20年前曾经负责“龙宴”服务的刘新颖服务大师回忆道：从学校毕业后我很荣幸被分配到京华名厨联谊组建的“京华食苑”餐厅工作，是“京华食苑”使我一个刚刚走上社会的青年学到了有关餐饮行业相关知识与技能，从而了解到

高级服务技师刘新颖

中国饮食文化的博大与精深，懂得了尊敬师长是中华的传统美德。看到了这么多前辈大师用一生的时间做一件事，发挥“匠心”精神，认真地做好每一道菜，每一道面点，服务好每一位食客。用他们的话说：“只有这样才能对得起良心，对得起食客”，多么朴素的语言。在这些前辈的“匠心”精神影响下，我坚定了干好餐饮服务这个职业的决心。记得2000年，那年正好是“龙年”，老会长李士靖先生就提出挖掘、整理、研发，传承“龙菜、龙点、龙宴”，组织技师研讨，最后整理200余道龙菜、龙点。在“京华食苑”推出龙菜、龙点、龙宴后，接待了很多国内外的知名人士并得到好评，包括前世界烹饪协会主席。

每一次的“龙宴”接待工作都非常隆重，都会请服务大师曾凤茹女士亲自指导设计。餐厅门前是巨大根雕“二龙戏珠”，进入厅内首先映入眼帘的是金色栩栩如生的龙形态屏风，条案上摆放着面塑“九龙壁”缩影摆件。餐厅内的餐桌、餐椅都有雕龙图案。当时“龙宴”所选用的餐具、用具如骨碟、筷子、筷架、勺羹、茶具、酒具及盛装食品菜肴的器具都带龙的形态，使“龙宴”的气氛更加浓烈。“龙井茶”是“龙宴”的必备的茶品，而“龙宴”上饮用的“龙井茶”大有来头，是李会长选用杭州“虎跑泉”的水，配上“明前的龙井茶”冲泡而成。

开宴后第一道冷菜是一道形象逼真、精细的彩拼“龙凤呈祥”，给宴会增添了喜庆的味道。热菜“乌龙吐珠”“龙舟鱼”“双龙过江”使用不同原料、不同技法，呈现不同味道、不同形态，一道道全部带“龙”字菜肴依序而上，酒过三巡，四道不同口味、不同形态的面点摆在客人面前，“福寿龙酥”“四喜龙饺”等，依次给予客人美的享受。当宴会接近尾声，一道清淡素雅的“龙丸竹荪汤”，碧绿的豆苗，雪白的龙丸漂浮在清澈如水的鲜汤上面，喝一口汤，清香回喉，吃个鱼丸软嫩爽口，使食客体会又一次美的享受。最后，装饰漂亮的火龙果拼盘压轴上桌，宣告宴席结束。当看到食客们怀着那种无法用语言来表达的喜悦心情离席，至今是历历在目，记忆犹新。

写到这里我们不由得要介绍一下首先提出抢救、挖掘、整理、研制、传承龙宴的京华名厨联谊会创始人之一李士靖老先生。

20年前龙宴照片

京华名厨联谊会创始人李士靖

2017年度

致敬中国食品人全名单

2017年度十大中国食品致敬人物

李士靖，中国食品科学技术学会原副理事长；

陈君石，中国工程院院士、国家食品安全风险评估中心总顾问；

赵春江，中国工程院院士。国家农业信息化工程技术研究中心主任、首席专家；

孙宝国，中国食品科学技术学会副理事长、中国工程院院士；

黄国胜，中国食品报社社长；

冯恩援，中国烹饪协会副会长；

胡小松，中国农业大学食品科学与营养工程学院院长；

马冠生，北京大学公共卫生学院营养与食品卫生学系主任；

钟睒睒，农夫山泉股份有限公司董事长兼总经理。

京华名厨联谊会创始人李士靖

1925年李老生于河北平原一个小农家庭，1949年11月参加工作，先后在供销合作社、第二商业局、食品学会、食品工业办公室工作，直至2005年80岁高龄时才退休，在此期间他老人家与食品行业打了大半生的交道，由此与食品行业结下了不解之缘。他老人家把学习食品知识、研究饮食文化、发展食品产业、倡导食品科技作为自己长期肩负的职责，他对国以民为本，民以食为天，是颠扑不破的永恒真理的理解颇深，因此，他不论是在职在位还是从岗位上退下来以后，都一直在继续为弘扬博大精深的饮食文化做着不懈的努力和无私的贡献。在保护餐饮业老字号的挖掘整理工作中不辞辛苦查阅大量的相关资料，从明代、清代，到民国时期的资料中挖掘整理出了754家老字号，为保护、发扬光大中华老字号，为老字号申遗工作做了大量的工作。2017年，92岁高龄的老人家被评为十大中国食品致敬人物。

龙菜、龙点、龙宴的抢救、挖掘、整理工作就是李士靖老先生对众多的饮食文化抢救再现的一部分，在此，我们为了不负老一辈餐饮界先师、大师们的师训，我们将这经过精心抢救、挖掘、整理出来的有关龙菜、龙点、龙宴以图文并茂的形式展现出来，不负李老的辛勤付出，让更多的人进一步了解中国饮食文化的博大精深。

第一部分 热菜

蟠龙菜

北京宫廷御菜之一，又称“蟠龙卷切”“龙菜”“钟祥蟠龙”。据湖北《钟祥县志》载：“其质取猪肉之精者，和板油与鲜鱼剁成泥，和以淀粉，鸡蛋清后，用鸡蛋皮裹之。皮间附以银米，蒸后切成薄片，盘于碗中，红黄相间，宛然成龙形”。“山珍海味不须供，富水春山酒味浓。满座宾客呼上菜，装成卷切号蟠龙”这首七绝是当时许多食客对于蟠龙菜之珍奇所发感叹。

但最初的“蟠龙菜”，比县志所记还要简单。据老辈厨师说，此菜与明朝第十二代皇帝继位登基有关。1521年明武宗正德皇帝驾崩前，急令湖北朱厚熜进京继位。为防备虎视皇位的政敌暗算，兴王决计扮成囚徒，命人押解星夜赴京。起程前，感念老师教诲之情，便到老师府上话别辞行。这位老师本想办一桌宴席为兴王饯行，但虑及风声耳目，就改了主意，请来承天府一位姓詹的厨师，要他为即将登基的学生制备路途肴馔。

詹厨师闻知此中情由，费了一番踌躇，不知为兴王烹制什么才好。他想到兴王此去是登龙位作天子，为讨吉祥而又不露身份，终于捉摸出一道形色如龙，寓义深刻的“登基菜”；取猪肉和肥膘各半，斩成肉泥，调味后，再以摊好的鸡蛋皮卷裹成圆筒形，皮间缀上点点银米，蒸熟即成。老师按詹厨师的意思，教兴王上路理将此“龙菜”盘于顶上，饥时取食即可化凶为吉。经过这样一番运筹，兴王果然顺利达到京都登上皇位，这就是历史上的大明王朝嘉靖皇帝。后来，每当提起这段历史，朱厚熜自称那时有真龙附身，所以才日行千里。为此，蛋卷赐名为“蟠龙”，遂成为宫廷御菜之一。

制作者：韩彦龙

原料配方

主料
猪肥瘦肉500克
鸡蛋5个

调料

盐4克	葱末20克	姜末8克	味精3克
猪油15克	香油20克	水淀粉150克	面粉50克
葱段15克	姜片5克	料酒6克	清汤100克

制作方法

1. 将肥瘦肉剁成茸，加入盐、料酒、淀粉，鸡蛋清、葱姜末、猪油、味精、搅拌均匀成为馅状。面粉加水调成糊状。

2. 鸡蛋打散，加入淀粉、盐，吊成蛋皮，蛋皮上面抹上面糊，把肉茸馅放上，卷成长桶卷，上笼蒸熟取出，晾凉，切成0.3厘米厚的片。将蛋卷片衔接旋转地码入碗中，加入葱段、姜片、料酒、味精和清汤用火蒸15分钟，取出沥去汤水扣入盘中，原汁勾芡浇在肉卷上即可。

制作关键

1. 猪肥瘦肉（肥三瘦七）剁成馅，不可过细，口味要掌握好不可过咸。

2. 吊制鸡蛋皮要掌握火候，蛋皮要薄厚均匀不可过厚。

3. 卷制肉馅时最好用纱布包上蛋皮一起卷好后，再去掉纱布，这样避免蛋皮碎损，卷出均匀蛋卷。

4. 蒸时火候不可过大，切时片要均匀。

特点 黄中透白，爽嫩鲜香。

花样变化

用猪肉作馅制成的菜肴很多。按照此种方法把猪肉换成鸡肉、鱼肉、虾肉、羊肉，分别可以制成“鸡肉卷”“鱼肉卷”“虾肉卷”“羊肉卷”，并且有的肉卷还可以作为凉菜。

乌龙吐珠

制作者：韩彦龙

此菜是北京老字号“柳泉居饭庄”传统高档宴席中的一道大菜。“乌龙吐珠”是以海参喻为“龙”，鹌鹑蛋喻为“珠”，故而得名。海参身体呈圆柱状，口在前端，口周围有触手，肛门在后端，产地广布于世界各地，我国沿海所产种类有20余种。海参中以刺参、乌参、梅花参等较名贵。

原料配方

主料 水发灰刺参12个（500克）

 鹌鹑蛋12个

 熟猪油6克 料酒8克 葱10克 水淀粉20克 葱姜油15克 姜汁5克 白糖5克 酱油15克 味精4克 清汤250克

制作方法

1. 将海参洗净，从膛里面切上花刀，鹌鹑蛋煮熟，剥去皮，用水洗一下。

2. 汤勺里面放入水，烧开后，把海参放入水中氽一下，除去腥味，捞出控净水。

3. 炒勺里放入熟猪油，烧热后，放入葱丝，煸炒至出香味，放入酱油、料酒、姜汁、味精、白糖、清汤，待烧开后打去浮沫，放入海参、鹌鹑蛋，移至微火㸆至入味后，淋入水淀粉勾芡，淋上葱姜油，既可出勺盛放在盘里。

制作关键

1. 选海参时，要选个头大小均匀、肉厚、富有弹性、个头完整无破损的为好。

2. 海参膛内的污物杂质一定要清洗干净，剞花刀时不可过深，以免遇热变形。

3. 海参在焯水时一定要开水下锅。

4. 烧制海参时一定要用清汤，勾芡时要用旺火。

5. 一定要预制葱姜油，最后淋在海参上。

特点 海参油亮，式样美观，鲜味浓厚，是高档宴席上的一道大菜。

炸烹龙虾段

制作者：韩彦龙

中国对虾、墨西哥棕虾、圭亚那白虾并称为“世界三大名虾”。柳泉居饭庄的“炸烹虾段”就是选用对虾烹制的，充分体现了北京菜取料讲究的一大特点。此菜在技法上采用了“京菜”的独特技法“炸烹”。“炸烹”在烹调技法上一般是指将主料加工成片、丝、段等形状，经过腌渍挂少量的硬糊（也有不挂糊的），用旺火高温炸熟后，用兑好的汁（一般无淀粉）与主料旺火快速烹制成熟的方法。烹制此菜时，要严格掌握火候和油温，动作要快，再采用北方的调味对汁方法一气呵成。菜肴成熟后，色泽红润油亮，质地酥嫩、鲜香。在柳泉居经营数十年中深受食客的赞赏，难怪诗人淮南先生在品尝虾段后，即席赋诗云：“红艳莹入宝石光，盘虾叠叠待人尝，烹来不论双螯味，赢得英朋举箸忙。”此菜曾获得北京市“优质品种奖”，2018年获得“北京十大名菜之一”称号。因烹饪原料中虾可以喻于“龙”故名。

原料配方

主料 大虾400克

配料 蒜片15克

调料 盐3克、料酒9克、葱丝10克、姜丝8克、味精3克、白糖4克、蒜片5克、醋5克、淀粉35克、汤40克

炸烹龙虾段视频

制作方法

1. 将大虾从脊背挑出虾线，从头部取出沙包，去须、去爪洗净。每只虾斜刀切三段，加入淀粉和盐搅匀。葱姜切成丝，蒜切成片。

2. 碗里放入汤、盐、姜汁、料酒、白糖、葱丝、蒜片、味精调成清汁。

3. 炒勺里放入油，烧至三四成热时，放入沾好淀粉的虾段，用温油炸至酥透后，倒入漏勺中控净油，炒勺内留底油热后放入葱、姜丝煸炒至出香味时，随即放入炸好的虾段翻炒两下，立即倒入调好的清汁，急速翻炒，放醋，出勺即成。

制作关键

1. 取沙包时，在虾头部位剪小口，位置要准，挑出即可（注意不要把虾脑油取出）。取脊背沙线，刀口不宜过深。

2. 烹炒时，火要旺，动作要快，烹醋时要往勺边淋，不可淋在虾段身上。炸烹菜在制作时，炸要炸得透，烹要烹得快。

特点 色泽红润油亮，质地酥香，鲜咸适口。

蟹子烧龙衣

制作者：韩彦龙

鱼皮是由各种鳐鱼皮加工的干制品，主要产于我国福建、广东、山东、辽宁等地。干鱼皮要经过涨发后才能使用。此菜用鱼皮配上鲜味十足的蟹子一起烧制，是一道烧制菜，成品味道鲜美，软嫩爽，富含胶质，是宫廷宴席上的一道大菜。

原料配方

主料：水发鱼皮300克、蟹子15克

调料：盐3克、料酒12克、姜汁8克、味精4克、葱8克、清汤500克、水淀粉40克、白糖2克、葱姜油40克

制作方法

1. 将水发鱼皮洗净，切成长4厘米、宽2厘米的菱形片，用清水泡好。蟹子洗净，用清汤泡好，放上葱、姜丝、料酒蒸透，用纱布过滤好备用。

2. 汤勺内放入水，烧开后，放入鱼皮焯一下洗净，再放入清汤、料酒煨一下，捞出，控净水。

3. 炒勺里放入葱姜油，烧热，放入蟹子略炒，再放入葱、清汤、料酒、姜汁、白糖、盐、味精，烧开后，打去浮沫，放入鱼皮，微火㸆至入味后，转至旺火，淋入水淀粉勾芡，再淋入葱姜油，即可出勺盛放在盘子里即成。

制作关键

1. 发制鱼皮时要掌握鱼皮涨发程度，不可过软。

2. 烧至时要用微火多煨一会儿。

3. 勾芡时要用旺火。

特点 鱼皮软糯，鲜咸。

乌龙烧裙边

制作者：韩彦龙

此菜是满汉全席里的一道大菜，在清《扬州画舫录》里有记载，后流传于民间一直至今，在北京许多饭庄都有经营。其菜选用高档原料灰参和裙边烧制而成，此菜色泽红润油亮，味道鲜醇，咸香，口感软糯，是京城一道名菜。

原料配方

主料 水发灰参500克 水发裙边150克

调料 葱段6克 姜片5克 酱油2克 料酒8克 白糖2克 味精3克 盐2克 水淀粉20克 葱姜油50克 清汤250克

制作方法

1. 将灰参洗净，裙边切成梳子花刀，分别用开水焯一下，捞出将水控净。

2. 炒勺里放入葱姜油烧热，放入葱段、姜片煸出香味，加入酱油、料酒、清汤，再放入海参、裙边，加入白糖、盐、味精烧开，去掉浮沫，微火上㸆至入味，淋入水淀粉勾芡，加入葱姜油盛入盘中。

制作关键

1. 灰参、裙边要发的适度，海参的内脏要洗净，裙边要洗净。

2. 在烧制时如果颜色不够可放少量糖色，装盘时最好把裙边和灰参分别放置。

3. 此菜在烹调技法上采用烧的技法，故芡汁不宜过多。

特点 色泽红润油亮，咸鲜软糯。

葱烧乌龙

制作者：韩彦龙

此菜是一道传统菜，此菜在烹调技法上采用“葱烧”，是用山东的大葱和海参烧制而成。葱烧是以葱为配料兼调料的一种烧制方法，制作关键在于炸葱，葱要用油充分炸出香味，灵活掌握火候，其他操作要点同红烧。大葱是我国北方常用的食材，它具有特殊的香味和辛辣味，能起到开胃消食、驱寒发汗及杀菌的作用。

原料配方

主料 水发辽参300克

山东大葱1棵

盐3克　鸡粉5克　白糖10克　胡椒粉5克　老抽5克　淀粉5克　葱油10克　花雕酒10克　姜片6克　清汤250克

制作方法

1. 将大葱白切寸段，葱白炸至金黄色捞出放在碗里，加入清汤放入蒸锅蒸透，余下的油倒在小碗备用。海参开膛洗净放入开水锅中焯一下。

2. 锅上火放入清汤，将海参放入，加花雕酒、老抽、盐、鸡粉、白糖、葱、姜煨制5分钟捞出。

3. 锅上火加入葱油烧热，放入姜、清汤，放入酱油、料酒、白糖、老抽、花雕酒、海参和蒸好的葱段，大火烧开，小火煨5分钟，待汤汁黏稠，用水淀粉勾芡裹匀，淋少许葱油，出锅装盘。

制作关键

1. 海参要洗干净去掉杂质。

2. 炸葱时要掌握好火候。

3. 一定要用好汤，煨两遍，芡汁不宜过多。

特点 色泽红润油亮，葱香味浓，质地软嫩。

乌龙卧雪

此菜是官府菜，人们常把鳝鱼比喻成乌龙。鳝鱼在烹调技法上采用烧㸆的技法再加上鸡蛋糊烹制成。成菜色泽鲜艳，白中藏黑犹如乌龙卧雪故名。

原料配方

主料 活鳝鱼400克

配料 香菜10克 枸杞5克

调料 料酒10克 姜米8克 葱段10克 姜片10克 姜丝5克 蒜片5克 盐3克 蛋清150克 醋4克 胡椒粉5克 汤100克 水淀粉25克 植物油20克 葱姜油15克

制作方法

1. 活鳝鱼放入开水中烫至能去骨捞出过凉水，去掉骨头取肉切成6厘米的段状，过一下油。

2. 鸡蛋清用筷子抽打成泡沫状直至打黏为止，加入盐、干淀粉制成高丽糊，放入蒸箱蒸透取出放在盘子里，中间用小勺按成一个小窝窝。

3. 炒勺里放入底油烧热，放入葱姜蒜煸炒出香味后，加入清汤，放入鳝鱼段翻动几下，加入料酒、姜汁、盐、味精、醋，放至小火上煨至熟透，撒上胡椒面，调匀盛入盘中的熟蛋糊上，再在盘边放上枸杞、香菜叶即成。

制作关键

1. 鳝鱼要完全冷却后再去骨。

2. 高丽糊不可调泄。

3. 蒸高丽糊要严格掌握火候，不可蒸出蜂窝。

特点 成品白里透黑，形同乌龙卧雪，软嫩咸香。

龙凤荔枝

制作者：张奇

此菜是一道创新菜，用鸡翅膀、虾胶及配料经蒸、炸而成，因鸡翅膀经炸制后外形酷似荔枝皮，以虾胶酿内，色洁白像荔枝肉，盘中间再放上真正的荔枝肉，又因饮食业内常称鸡为凤，虾为龙，故名。

原料配方

主料 去骨鸡翅膀12只 大虾肉150克

火腿100克 去核荔枝12个

料酒8克 白糖15克 饴糖25克 植物油75克 盐4克 葱段20克 醋6克 味精3克 姜片15克 干淀粉50克

制作方法

1. 鸡翅膀去骨放入葱段、姜片、料酒、盐、味精略腌入味。虾仁洗净剁成茸状加入盐、姜汁、蛋清、味精和适量的水调成馅状，分别酿入鸡翅中，每个鸡翅中插入火腿条，放入蒸锅蒸熟取出用饴糖、醋、干淀粉拌匀上浆晾制4小时，白糖加水成糖汁。

2. 炒勺里放入底油烧至三四成热，把风干的鸡翅放入油锅中炸成金红色捞出控净油装入盘，中间放入淋好糖汁的荔枝即成。

制作关键

1. 鸡翅最好选大一些的。
2. 虾茸在调制时不能调泄。
3. 蒸制时间不宜过长以免质老。

特点 鸡翅色泽红亮，皮脆咸鲜，荔枝香甜，别有风味。

制作者：张奇

珍珠飞龙脯

原料配方

 飞龙脯肉200克

 鹌鹑蛋10个
黄瓜1根
红车厘子5个

 料酒10克　葱段10克　姜汁3克　清汤50克
盐2克　姜片8克　白糖5克　水淀粉15克

制作方法

1. 飞龙脯肉去骨洗净切成薄片，摆放在盘里，加入葱姜、料酒、盐、清汤，放入蒸锅中蒸熟取出沥干水分，摆放在盘中。

2. 黄瓜切成薄片，摆放在周围，鹌鹑蛋煮熟去皮摆放在黄瓜上面。再把车厘子摆放在每两个鹌鹑蛋中间。

3. 炒勺里放入清汤，加入盐、料酒、白糖，烧开用水淀粉勾芡浇淋在盘中的飞龙片和鹌鹑蛋上即成。

制作关键

1. 飞龙肉蒸制要剥肉去骨切片。

2. 芡汁不能过稠。

特点　样式美观，肉鲜嫩。

龙凤抱蛋

此菜是一道宫廷菜。传说乾隆第三次下江南时，有一次，他来到扬州，乘兴游玩了瘦西湖、平山堂等名胜后，又听说城外有一处明代建的古迹——鱼鳞寺很是有名，全部用鱼鳞、鱼刺、鱼骨堆筑而成，从上到下，从里到外，没有一颗铁钉，没有一寸木材。乾隆听了十分好奇，决定去一趟以饱眼福。

第二天乾隆便上路了，刚走出十多里，抬头一看，前面不远地方有一个村子，村内家家屋子周围都有用毛竹编的篱笆，又整齐又好看。进得村来，只见前面院子的门前趴着一群鸡，乾隆传旨，就在此村暂时休息片刻。一行人刚向门前靠近，门前的一群鸡吓得四散奔跑，独有一只又肥又大的鸡没跑，反而一边抖动全身五颜六色的美丽羽毛，一边不断伸脖晃脑冲着乾隆直叫，好像是在欢迎他。

乾隆见此景，龙颜大悦，示意太监将鸡抱起。无巧不成书，正在乾隆左右端详这只鸡美丽的羽毛时，只听鸡咯咯咯叫了两声，下了个大蛋，太监弯下身子将蛋递给皇上，乾隆接过鸡蛋哈哈大笑："真金凤之蛋也。"

"金凤蛋得有真龙抱。"随声音从屋里出来一位白发苍苍的老人跪在乾隆面前高呼："臣接驾来迟，罪该万死，罪该万死。"乾隆听罢一惊，心想：他是何人，怎知道我的底细呢？并问："你是何人？"

"臣赵吉曾在圣驾称臣，现告老还乡，昨偶得一梦，见一条金龙驾云霞飞到我庄。臣想这一定是您会来我庄，今日果有应验。"乾隆听后自然一番欢喜，进到屋里，赵吉吩咐家人准备酒饭。乾隆吃得非常高兴，尤其对那个用鳝鱼做的汤菜，更是赞不决口。

"此菜叫作何名？"

"启奏万岁，此菜叫龙凤抱蛋。"

乾隆闻听喜上心头，命人将此菜的做法抄下，传入宫廷，作为皇家御菜。相传百年后的今天，我们吃到的"龙凤抱蛋"在制作上已经民间化了，但"龙凤"是吉祥的象征故一直沿用这个名字。

原料配方

主料 猪五花肉200克
活鳝鱼肉150克

配料 白菜200克
小油菜芯16棵

调料

盐2克	味精3克	胡椒粉10克
料酒6克	面粉300克	清汤500克
姜汁6克	糯米粉300克	

制作方法

1. 猪五花肉剁成茸状，白菜切成细米粒，加入料酒、盐、胡椒粉、味精调成馅。糯米粉加入水揉成面团，擀成皮包上馅制成“蛋形”。

2. 面粉加入水和好制成皮，包入馅，制成元宝饺子。

3. 鳝鱼去内脏、洗净，切成5厘米段，放入开水锅中加入姜汁、料酒焯熟。

4. 炒勺里放入汤烧开，放入元宝饺、糯米团蛋，加入盐、味精、料酒、胡椒粉调好口味，煮熟放入焯好的鳝鱼条和小油菜芯，盛入汤古中即成。

制作关键

1. 肉馅要调的均匀，口味要掌握好。
2. 包制糯米蛋和元宝饺时要包严，不可漏馅。
3. 煮制时要用清汤，火不宜过大。

特点 此菜汤鲜味浓。

游龙戏凤

制作者：张奇

明朝正德年间，武宗皇帝朱厚照治国有方，为了掌握国情，他喜欢到民间私访。一天，皇帝改装出游私访来到小城梅龙镇，镇上有一家由李龙和其妹李凤姐开设的酒店。武宗来到酒店时，见李凤姐有沉鱼落雁之貌，闭月羞花之姿，于是便命凤姐备佳肴美酒。朱厚照故意呼酒唤菜调戏她，凤姐开始不即不离地对付，而朱厚照更加神魂颠倒。最终朱厚照表露了自己真龙天子的身份及对凤姐的仰慕之情，二人成就了好事。凤姐求封，朱厚照封她作"嬉耍宫妃"。凤姐亲手作了一道由鸡鱼合烹的菜式，武宗品尝后大为赞赏，问此菜何名，凤姐未说，武宗便封此菜名叫"游龙戏凤"。凤姐也随皇帝进宫。从此，此菜就成为宫廷名菜，并加以改进，一直流传至今。

原料配方

主料　发好灰参300克　净笋鸡1只

配料　鲜人参5克

调料　葱段15克　姜片10克　料酒6克　盐4克　味精3克　熟猪油8克　鸡汤750克

制作方法

1. 笋鸡洗净放入开水锅中焯透。海参洗净放入开水锅中焯一下，控净水。

2. 炒勺里放入熟猪油烧热，放入葱姜煸炒出香味后加入鸡汤，烧开后放入大沙锅内移到火上，放入鸡、海参、人参烧开后加入料酒、盐、味精，烧开后打去浮沫，转微火慢慢炖至全部酥烂成熟，即成。

制作关键

1. 海参一定要发透和洗净。

2. 炖制时火候不宜过大。

3. 注意掌握笋鸡的成熟程度，不可过烂。

特点　汤色微黄，滋味醇浓鲜美。海参柔软入味，笋鸡酥烂脱骨。

清汤龙卷

制作者：张奇

此菜是一道民间传统汤菜。在烹调技法上采用卷、蒸的技法，成品味清淡，鲜香可口。

这道菜肴在制汤方面有一定的技巧。烹饪用汤分两类，一种是荤汤，一种是素汤。荤汤里又分为毛汤、奶汤、一般清汤、高级清汤。厨师讲究做什么菜使用什么汤，吊制什么汤使用什么样原料，此菜应用高级清汤，要经过2~3次的吊制，味道极其鲜美。

原料配方

主料　鳜鱼1条（约1000克）

配料　鲜虾仁100克　猪肥膘肉200克　油菜心10棵

调料　葱段15克　姜片5克　盐4克　姜汁5克　料酒15克　味精3克　鸡蛋2个　香油5克　水淀粉50克　面粉100克　清汤750克

制作方法

1. 鳜鱼去骨取肉，取2/3鱼肉片成长7厘米、宽5厘米的薄片（共15片），加入葱姜、料酒、盐略腌。面粉加水调成面糊。

2. 把剩下的鱼肉和鲜虾仁及猪肥膘肉分别剁成茸状并加入姜汁、水淀粉、鸡蛋、香油、料酒、味精、盐调成馅。

3. 腌好的鱼片上面抹上面糊，再放上馅，卷成鱼卷，摆放在长形的汤碗中，鱼头放在前面，中间放鱼卷，后面放上鱼尾，加上料酒、盐、味精、葱丝、姜丝，放入蒸锅蒸熟取出，去掉葱姜。

4. 炒勺里放入清汤烧开，加入盐、料酒、味精，烧开打去浮沫，淋入香油，浇入盛鱼的汤碗里即成。

制作关键

1. 鱼肉片的不要过厚，以免不好卷制。

2. 卷制时馅放的不宜过多。

特点　鱼肉质地柔嫩，汤清味浓鲜香。

双龙戏珠

此菜始于一段民间的寓言故事。说的是在很久以前，武昌有一个很出名的乌龙泉，这里有一户两口人家，只有婆婆与其童养媳两个人过日子。婆婆因儿子早逝，又怕童养媳“红杏出墙”，便使出各种花招“看守”童养媳，于是在当地闹了个“恶婆婆”的坏名声。恶婆婆确实很凶，她经常虐待童养媳。有一次，在遭受打骂后，童养媳去山上打柴，不觉来到乌龙泉边，忍悲不住，放声大哭，借以倾泄内心的痛苦。

她的哭诉引起泉中小白龙的同情，小白龙变作一个樵夫，送给童养媳一个龙蛋，只要把蛋放在那里，就会得到需要的东西，也可免遭毒打。

从此，童养媳打柴、挑水不再花费气力了。日子一久恶婆婆发现了这一密秘，她将龙蛋夺在手中投入门前塘内，不料塘水立刻洪波涌起，大水弥漫，淹没了她的家，恶婆婆也不知被冲到哪里去了。

这时小白龙忽然在水面出现，救起童养媳。童养媳为了报答小白龙的恩情，毅然跃进水中化作白蚌，嘴含一颗珍珠，光芒四射，她游向白龙，跳跃相戏，从此二者幸福地生活在一起。

前辈的厨师们根据这一寓言，充分利用海鲜原料，创制了这道菜，广受食客喜爱。

原料配方

主料 活鲫鱼2条
鲜鳜鱼肉100克

配料 熟火腿肉100克　冬笋50克
豌豆苗10克　香菇50克

调料 葱段10克　料酒6克　猪油50克　汤750克
姜片8克　味精3克　奶油100克
盐3克　蛋清1个　胡椒面5克

制作方法

1. 将鲫鱼加工修理净，在鱼身上切上兰草花刀。火腿、冬笋、香菇分别切片。

2. 将鳜鱼肉剁成茸状，放在碗内加入蛋清、料酒、盐、葱姜末及适量的水调匀成为馅，放入开水锅中氽熟成鱼丸。

3. 炒勺里放入猪油，将鲫鱼煎黄，加入葱段、姜片、料酒、汤、盐、味精，用大火烧开，移至小火上焖至八成熟时放入火腿、冬笋、香菇片、奶油，再放入胡椒面和氽好的鱼丸，鱼烧熟后倒入盛器中撒入豌豆苗即成。

制作关键

1. 煎鱼和炖鱼时要掌握好火候和原料的投放顺序。

2. 鱼肉要用清水泡白，剁鱼茸时要细，要挑筋，氽制时要注意火候和时间，以免鱼丸质老。

特点　以鱼喻龙，鱼丸比珠，汤汁乳白，清香鲜美，别有风味。

软钉雪龙

制作者：张奇

白鳝学名鳗鲡，俗称青鳝，背部及两侧灰褐色，腹下白色，于深海中繁殖，淡水中生长，属洄游性鱼类，鳞细小，埋在皮下，古人称谓“骨刺”，这是烹制时须注意的。

据《清异录》记载，五代时京、洛（开封、洛阳）白鳝之所以有名，是因为当时外地对其烹调不得要领。后周寺人杨承禄独出心裁，颇得其妙。他烹制的白鳝，抽骨脱皮，滋味醇厚，故而风行于仕宦之家，号称“脱骨白鳝”，尔后，受到皇帝与后妃之垂青而传入宫廷。由于“脱骨白鳝”软嫩鲜香，色如白雪，而文其名曰“软钉雪龙”。这就是流传至今的“清蒸白鳝”。

此菜食用时，蘸以香醋、姜末，其味更佳。

原料配方

主料：白鳝1条约750克

配料：香菜15克、猪五花肉片75克

调料：料酒10克、盐4克、白糖3克、清汤500克、葱段12克、味精3克、蒜茸5克、猪油75克、姜片8克、豆豉15克、胡椒粉8克

制作方法

1. 白鳝洗净去内脏，去骨，切十字花刀并洗净。
2. 用猪油、白糖、葱、姜、料酒、蒜茸、盐、味精、胡椒粉、豆豉及清汤调成调味料将白鳝拌匀盘于盘中，把五花肉片和葱姜片放在上面，放入蒸锅里蒸熟，取出，上面放上葱丝和香菜。
3. 炒勺里放入底油烧至六七成热，趁热将热油淋在鱼身上即成。

制作关键

1. 白鳝鱼去骨，去干净，多洗多泡。
2. 掌握好蒸制的时间和火候。
3. 最后淋的油一定要热。

特点 鳝鱼原汁原味，咸香软烂。“软钉”在这里就是指盘中的鳝鱼是无骨的，有骨是“硬钉”。

油爆墨龙

制作者：张奇

墨鱼亦称乌贼鱼、墨斗鱼、目鱼等，属软体动物门，头足纲，十腕目，乌贼科。中国所指的“墨鱼”或叫“乌贼”，大多是中国东海主产的曼氏无针乌贼和金乌贼两个品种。

原料配方

主料 鲜墨鱼500克

 青蒜50克

料酒6克	蒜片3克	胡椒粉3克	香油3克
精盐2克	豆瓣葱4克	醋2克	猪油50克
味精2克	姜末3克	水淀粉6克	肉汤150克

制作方法

1. 墨鱼洗净，去皮去脆骨，拉出内脏、墨囊，内外洗净，用刀一剖两片，剞上笔筒花刀，再切成长5厘米、宽3.5厘米的块，下开水锅中焯一下，卷起、花纹暴出时捞出，控净水。

2. 取一个碗，里面放入肉汤、盐、料酒、姜末、味精、胡椒粉、水淀粉调匀成为碗芡汁。青蒜切小段。

3. 锅内放猪油，烧至三四成热，下入墨鱼过一下油，立即倒入漏勺沥去油。锅内留底油，放入葱姜蒜煸炒出香味，放入墨鱼，倒入预先调好的芡汁，翻炒几下，放入青蒜，烹入醋，淋入香油，出锅装盘即成。

制作关键

1. 墨鱼一定要新鲜。

2. 剞花刀要均匀，深浅一致。

3. 焯水、过油时间不宜过长以免肉质老。

4. 芡汁不要过多。

特点 色泽洁白，式样美观，鱿鱼鲜嫩，咸香。

龙衣鱼翅

制作者：张奇

此菜是由鳜鱼肉和鱼翅烹制而成，主料鱼肉片成片后喻为“龙衣”故名。

原料配方

主料 高汤煨好的鱼翅350克

配料 鳜鱼肉250克 枸杞3粒 面粉100克

调料 葱段30克 姜片20克 料酒10克 奶汤75克 味精4克 盐2克 水淀粉10克 葱姜油3克 清汤75克

龙衣鱼翅视频

制作方法

1. 发好鱼翅放入锅中加入奶汤、料酒、葱段、姜片、味精，煨一会取出控去汤汁。

2. 鳜鱼去骨取肉片成长6厘米、宽4厘米的长方片，放在碗内加入葱、姜、料酒略腌，取出沾上面粉，把鱼翅放上卷成卷，放在碗内加入葱、姜、料酒、盐、味精、清汤，放入蒸锅蒸透取出。

3. 汤勺里放入清汤，放入料酒、盐、味精，调好口味放入蒸好的鱼卷烧一会，待其入味后淋入水淀粉勾成薄芡，淋上葱姜油，整齐地摆在盛器里。

制作关键

1. 鱼片不能过厚。

2. 卷鱼翅时要卷紧。

3. 掌握好蒸制的时间。

特点 鱼肉鲜嫩，鱼翅软糯，咸鲜味浓，是高档宴席上的一道大菜。

龙眼苦瓜

制作者：张奇

此菜是一道素菜。苦瓜为葫芦科苦瓜属植物苦瓜的果实，原产亚洲热带地区，约自宋元间传入我国。我国以广东、广西等地栽培较多，全国各地广有分布，多产于夏秋两季。苦瓜以果肉入馔。在技法上常用炒、煎、烧、焖等，既可做主料，也可作配料。中医认为：苦瓜味苦性寒，有清暑除热，明目，解毒的功用。龙眼原产于中国南方，是亚热带的珍果之一。龙眼干、鲜均可用。鲜龙眼肉多作热菜，适用于蜜汁、拔丝、蒸、炒、炸、熘等烹调技法，多作甜品菜，既可做主料，也可作配料。龙眼系民间常用的滋补食品之一。

原料配方

主料 苦瓜500克 鲜龙眼肉150克

配料 水发木耳30克 水发香菇50克 水面筋50克 冬笋50克

调料 料酒5克 豆瓣葱5克 盐3克 姜汁3克 味精2克 淀粉15克

制作方法

1. 木耳、香菇、冬笋，分别洗净切成末，水面筋、鲜龙眼切小粒状。

2. 炒勺里放底油烧热，放入葱姜煸炒出味，放入面筋、木耳、香菇、冬笋翻炒，随炒随放入料酒、盐、味精直至炒熟，淋入水淀粉勾芡，成为熟馅，再放入切好的鲜龙眼粒，调匀。

3. 苦瓜洗净切去两头，去掉内瓤，把熟馅填入苦瓜内切成2.5厘米的小段，放入蒸锅内蒸透取出摆放在盘里。

4. 炒勺里放入水、料酒、盐、味精烧开，淋入水淀粉勾芡，淋在盘中的苦瓜上即成。

制作关键

1. 为使成品造型美观，苦瓜最好选用较直的。

2. 酿馅时要填实。

3. 蒸制时间不宜过长。

特点 形似龙眼，鲜咸。

凤藏龙针

制作者：张奇

凤是人们美好想象的德禽，饮食业常用鸡来比喻凤。鱼称龙则是根据鱼龙变化的传说，鱼的鳍分为背鳍、胸鳍、尾鳍，其中以背鳍最好，鱼翅即鲨鱼的鳍（又称龙针），是一种名贵的海产品，早已列为“八珍”之一。此菜是高档宴席中的一道大菜，也是北京著名的官府菜——“谭家菜”中具有代表性的名菜之一。

“谭家菜”本出自清末官僚谭宗浚家中。谭宗浚一生喜食珍馐美味，从他在翰林院中做官时，便热衷于与同僚相互客请，以满足口腹之欲。其子，讲究饮食更胜其父，谭家女主人及家厨为满足父子的欲望，很注意学习本地方各处的特长和绝招，在烹制上精益求精，逐渐形成了独具特色的“谭家菜”。后来“谭家菜”的名气越来越大，许多大官为了一饱口福，辗转托人，借谭家宴客，掷千金而不惜。到了20世纪30年代末和40年代初，“谭家菜”在北京地区几乎是无人不晓，有口皆碑了，以至于一度曾有“戏界无腔不学谭（指谭鑫培），食界无口不夸谭（指谭家菜）”的说法。

“谭家菜”最著名的菜肴有100多种，以海味菜最为著名，尤其是鱼翅烹制最为出名，一向为人们所称道，而众多鱼翅菜肴中以“黄焖鱼翅”最为上乘。此菜是在“黄焖鱼翅”的基础上把发好的鱼翅，入好味填入鸡的腹腔中烧至而成。菜肴制成后，汁浓，味厚，吃着柔软糯滑，极为鲜美。

此菜在烹调技法上采用先酿后烧再收汁的方法。

原料配方

主料

净母鸡1只
发好鱼翅400克
熟鸡蛋6个

配料

猪瘦肉片100克
冬笋片75克
火腿片50克

调料

葱段25克　盐3克　鸡汤600克
姜片15克　酱油5克　水淀粉30克
料酒15克　白糖5克　植物油60克

制作方法

1. 熟鸡蛋去皮切两半雕刻成菊花蛋。鸡采取脱骨法，去掉大骨小骨及胸骨内脏，用水洗净。

2. 炒勺里放入底油烧热，加入葱姜、汤、猪肉片、冬笋片、火腿片和发好的鱼翅烧透入味，晾凉放入鸡腹内，把刀口封好，放入开水锅中略烫一下捞出，抹上酱油，放入六七成的热油锅中炸制呈金黄色捞出，控净油，放入一个大沙锅里加入鸡汤、料酒、葱段、姜片、味精，放至火上，把鸡炖熟捞出，腹朝上放在盘里。

3. 炒勺里放入炖鸡的汤汁烧开，加入白糖，淋入水淀粉勾芡，浇在盘中的鸡身上，把菊花蛋摆放在周围即成。

制作关键

1. 鸡去骨时脖子的刀口不能过大。
2. 所酿入鸡内的原料不能过多。
3. 掌握好蒸制时间和成熟的程度，一定要蒸熟蒸透。

特点　色泽红润油亮，质地柔软糯滑，口味香郁鲜醇。

龙眼咸烧白

制作者：张奇

此菜是一道传统菜，是用猪五花肉和莲子加上其他调料烹制而成，因成形似龙眼故名。

原料配方

主料 带皮五花肉500克

配料 芽菜200克 泡发好莲子50克

调料 酱油5克 料酒8克 白糖2克 葱段15克 姜片10克 味精3克 葱油3克 八角2粒 水淀粉25克 清汤200克

制作方法

1. 猪五花肉刮洗干净，放入汤锅中煮至七八成熟捞出，趁热抹上糖色，放入五六成热的油锅中炸成红色捞出晾凉，切成长10厘米、宽4厘米、厚0.2厘米的片状。芽菜洗净，炒热。

2. 把泡好的莲子用肉片卷成圆筒形，竖放在碗内，排列整齐再放入芽菜摊平，加入葱段、姜片、料酒、酱油、八角、味精、清汤放入蒸锅，蒸大约2小时直至熟烂后取出扣在盘中。

3. 把余下的汤汁烧开加入白糖、味精，用水淀粉勾芡，淋上葱油浇在菜品上即成。

制作关键

1. 猪肉片切的不能过厚。

2. 莲子最好挑选一般大的。

3. 芡汁不宜过浓。

4. 此菜若不放芽菜垫底，换成糯米垫底，勾甜口汁则称为“龙眼甜烧白”。

特点 醇香味浓，肥而不腻，松软适口，四季均宜。

鸡米锁双龙

制作者：张奇

乾隆年间宫廷御厨景启善作鸡菜。相传有一年皇帝下江南回京后，因劳碌而体质虚弱。景启选用鸡脯肉、海参、黄鳝为主料，另用鸡蛋、黄酒、酱油、白糖、食盐等调料制成一道“鸡米锁双龙”让皇帝品尝。

乾隆看见盘子四周用雪白的鸡肉片围边，中间黄红相间亮灿灿的海参和鳝段特别好看，香气扑鼻，询问菜名的由来。景启回答说：“鸡丁又称鸡米，海参和黄鳝俗称双龙，天子乃真龙下界，年号又带龙音，中间用锁以求大清朝江山万万年。”

乾隆吃了“鸡米锁双龙”后，当即赐予景启三品顶戴，赏银500两。后来景启告老出宫到致美楼掌头灶，也把这道御膳带到了民间。经过多年的不断改进，一直保留到现在。

原料配方

主料 鸡脯肉150克　水发海参200克　黄鳝200克

调料 蛋清1个　酱油20克　料酒20克　白糖5克　姜汁5克　味精2克　盐1克　葱段15克　姜片5克　蒜泥5克　淀粉75克　清汤500克　葱姜油5克　花生油75克

制作方法

1. 将黄鳝宰杀后去除内脏，用清水洗净切成5厘米左右的小段。海参洗净去内脏切成5厘米的小条。鸡肉切成大米粒状，加入盐、料酒、蛋清、淀粉调匀上浆，放入二三成热的油锅中滑至七八成熟捞出控净油。油温烧到四五成热，把切好的鳝段放入油锅中炸透捞出。

2. 炒勺里放入水，烧开后放入料酒、酱油，把海参放入煮三分钟捞出，控净水。

3. 炒勺里放入油烧热，放入葱段、姜片、蒜茸煸炒出香味，加入酱油、汤、料酒、白糖、味精烧开打去浮沫，放入海参和鳝段，用中火㸆至入味，淋入水淀粉勾芡，淋上葱姜油出勺装盘。

4. 另取一把炒勺里面放入汤、料酒、盐、味精、姜汁和过油的鸡粒一起炒至成熟，淋入水淀粉勾芡，盛放在盘中海参和鳝鱼的上边即成。

制作关键

1. 鸡肉要用清水泡白后再切。
2. 海参的条、黄鳝的段不宜过大。
3. 烧制时要掌握好火候和芡汁的浓度。

特点　颜色鲜明，咸香味浓。

鸡汤龙卷

制作者：张奇

此菜是北京传统名菜，它以活鳜鱼为主料，配以猪度肉、熟火腿等原料氽制而成，以鸡制汤，以鱼为卷，以肉为馅，三种味浑然一体，美味鲜香。

原料配方

主料：鳜鱼1尾约1000克、猪五花肉末100克

配料：冬笋丝100克、火腿丝100克、豌豆苗10克

调料：料酒8克、姜汁6克、盐3克、味精2克、鸡蛋2个、面粉75克、水淀粉25克、鸡汤200克、香油5克

制作方法

1. 鱼去鳞、去骨取肉切成长6厘米、宽4厘米、厚2毫米的长方形片。面粉加水调成糊状。

2. 猪肉末加入料酒、姜汁、盐、味精、鸡蛋、水淀粉调成馅。

3. 把鱼片平放在墩子上，上面抹上一层面糊，再把肉馅和冬笋丝放在上面从一端起卷成圆筒状，放入开水中氽一下捞出。

4. 炒勺里放入鸡汤，放入盐、料酒、姜汁、味精和氽好的鱼卷，烧开放入火腿丝、冬笋丝，烧开一会，见鱼卷已熟，盛放在汤盘里，撒上豌豆苗，淋上香油即可。

制作关键

1. 鱼肉片的不宜过厚。

2. 卷制时馅放的不宜过多，要卷紧凑。

3. 氽制时要掌握好火候。

4. 掌握好汤和主料的比例。

特点 汤鲜味浓，鱼卷鲜咸润泽，是龙宴上不可少的一道汤菜。

香辣小龙虾

小龙虾：也称克氏原螯虾、红螯虾和淡水小龙虾。形似虾而甲壳坚硬，成体长5.6~11.9厘米，暗红色，甲壳部分近黑色，腹部背面有一楔形条纹。幼虾体为均匀的灰色，有时具黑色波纹。螯狭长。最早的养殖地在南京附近，因肉味鲜美广受人们欢迎。因其杂食性、生长速度快、适应能力强而在当地生态环境中形成绝对的竞争优势。其摄食范围包括水草、藻类、水生昆虫、动物尸体等。小龙虾近年来在中国已经成为重要经济养殖品种。

原料配方

主料 小龙虾500克

配料 青蒜35克 彩椒10克

调料 干辣椒10克 豆瓣辣酱5克 盐3克 姜末6克 蒜末6克 葱10克 花椒3克 料酒8克 白糖8克 味精3克 醋3克 清汤500克 植物油100克

制作方法

1. 小龙虾多次择洗干净，去掉杂质，放在盆里加入料酒、盐、葱、姜略腌，青蒜、彩椒分别切成小段。

2. 炒锅里加入适量的植物油，烧至五成热，把腌好的小龙虾放入油锅中略炸一下，至酥脆捞出控净油。

3. 锅中留底油，烧热加入干辣椒、豆瓣辣酱、花椒爆香，加入葱姜蒜爆炒再加入彩椒，将青椒炒出虎皮色，倒入炸好的虾翻炒，随炒随加入料酒、食盐、白糖、醋、清汤炒匀放入味精，最后放入青蒜，淋入明油出锅装盘。

特点 色泽红亮，香辣咸鲜。

制作关键

1. 小龙虾一定要加工干净（是此菜的关键）。龙虾买回以后，先挑选出死龙虾扔掉，再将活龙虾放清水中养3~4小时，让其吐掉、排泄掉体内的脏东西，其间可以多换几次水。因为龙虾生活在污泥里，而且吃小水藻等，体内比较脏，必须要把其内部清理干净。抓住虾的头后部不要让虾的螯夹住手，揭开虾的头盖，去掉虾头部两边的脏物。务必冲洗干净。

2. 炸虾时严格掌握好火候，时间不宜过长。

3. 炒制时注意调味料的投放顺序。

栗子粉龙骨

制作者：赵国梁

栗子又叫板栗，果实秋季成熟时采收，是我国的特产果品之一，有“干果之王”的美誉。栗子生命力强，易存活，并且可以代粮食用，民间常将其与枣、柿并称“铁杆庄稼”或“木本粮食”。

祖国医学理论认为，栗子味甘、性温，有补肾壮腰、健脾止泻、活血、止血功能，适用于肾虚、腰膝酸软无力、筋骨疼痛、尿血、便血等症。现代医学研究表明，栗子中含糖及淀粉高达62%~70%，并含有丰富的蛋白质和脂肪，此外，还含有胡萝卜素、维生素B_2、抗坏血酸等多种维生素。栗子不但具有较高的经济价值，而且其药用性能自古以来便受到人们的重视，许多医学典籍中也多有论述。唐代大医学家孙思邈称栗子为“肾之果也，肾病宜食之”。

栗子可谓全身是宝，不但果实能食用充饥，就连其内果皮、外果皮及花皆可入药。

原料配方

主料　龙骨（猪脊骨）1000克

配料　去皮栗子100克　蜜枣150克　胡萝卜100克

调料　葱段20克　酱油2克　料酒10克　炖料包1小袋　姜片15克　盐3克　味精3克　汤1000克

制作方法

1. 把切好的龙骨放入开水锅中焯下一下。胡萝卜去皮切成块用开水焯一下。栗子去皮。

2. 炒勺里放入底油，烧热放入葱姜煸炒出香味后加入汤、酱油、料酒、味精，再放入龙骨和肉料包用大火烧开，打去浮沫放入胡萝卜、栗子、蜜枣，再用大火烧开，小火把龙骨炖熟即成。

制作关键

1. 龙骨切的块不宜过大。
2. 炖龙骨时先用大火，后用小火，要软烂肉离骨。
3. 味道不宜过咸。

特点　汤鲜美，肉烂咸香。

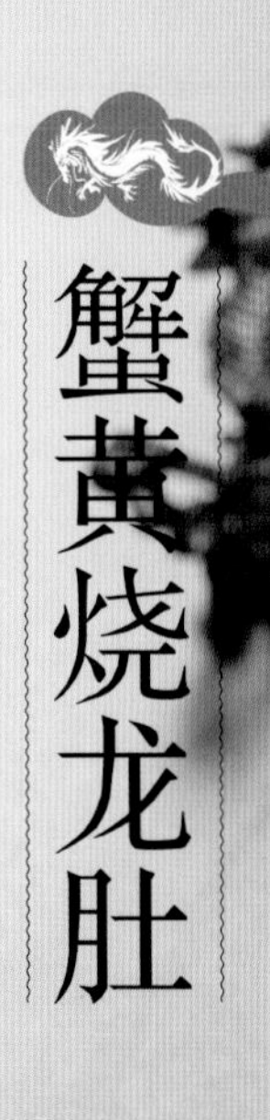

蟹黄烧龙肚

制作者：赵国梁

龙肚就是鱼肚，是鱼的漂浮器官，也称鱼鳔、玉腴、白鳔、鱼脬、鱼胶，是干制品，是传统珍贵海味，"海八珍"之一。据其品种不同，可分为黄鱼肚、鳗鱼肚、黄唇鱼肚等，以色泽淡黄者为上品。"蟹黄烧龙肚"是采用质厚、晶莹、透亮的山东盛产的黄鱼肚为主料烹制而成。

原料配方

主料 油发鱼肚400克

配料 发好蟹黄15克

调料 精盐3克 味精3克 鸡油5克 料酒25克 清汤200克 植物油30克 姜汁8克 水淀粉10克

制作方法

1. 发好的鱼肚改刀切整齐，用开水汆一下，加入清汤、料酒、葱姜、味精烧一会入味捞出沥去汤水。

2. 炒勺里放入油烧热，放入蟹黄煸炒出香味后放入清汤，加入盐、料酒、姜汁、味精、入好味的鱼肚，用中火煨至软透入味，淋入淀粉勾芡，淋入鸡油即成。

制作关键

1. 干鱼肚应选择透明度好、无杂质、无异味、无腐败变质的，涨发时要掌握发制的各道环节，使发制的鱼肚色白质嫩，符合菜肴制作要求。

2. 鱼肚发好后，应多次汆洗。

3. 煨制鱼肚时火候不宜过大。

特点 式样美观，色泽明亮，鱼肚软嫩，鲜咸味浓。

清汤龙丸

此菜是一道传统菜，采用新鲜的鱼取肉制成鱼丸再放上碧绿的菜芯一起进行烹调，在制作工艺精细，荤素搭配，成形后菜叶碧绿，形似翡翠，鱼丸色白，形似珍珠，鲜嫩适口。此菜式样美观，口味咸淡适中，是宴会上的一道极好的汤菜，在经营中深受食客喜爱。

原料配方

主料 鳜鱼肉200克

配料 油菜芯2片

调料 料酒10克 味精3克 清汤1000克 葱末6克 盐3克 香油5克 姜汁8克 鸡蛋清1个 植物油20克

制作方法

1. 把鱼加工洗净，去骨取肉，剁成鱼茸加入汤、料酒、盐、姜汁、味精、蛋清调成馅。

2. 炒勺里放入汤烧开，把鱼肉馅挤成小丸子放入锅中氽熟捞出。

3. 炒勺加植物油烧热，放入葱姜煸炒后加入清汤、盐、料酒、姜汁味精，放入丸子，烧至入味后放入油菜芯，淋入香油即可出勺装入盆中。

制作关键

1. 鱼肉泡水至发白，茸要剁细去小刺。

2. 调制鱼馅时要打入适量的水，不可放入淀粉。

3. 氽制时要掌握好火候。

特点 鱼丸洁白，式样美观，白绿相间，鱼丸细嫩，鲜咸适口。

双龙入海

制作者：赵国梁

此菜是一道传统民间菜，它是用鳝鱼和海参一同烧制而成。因鳝鱼和海参都常在菜肴中比喻龙，故名“双龙”。

原料配方

主料　灰参6只

配料　活黄鳝4条　独头蒜20头

调料　酱油4克　葱段15克　姜片12克　料酒10克　白糖3克　味精4克　植物油50克　葱姜油5克　清汤500克　水淀粉20克

制作方法

1. 活黄鳝洗净，放入装有盐水的锅中煮至适度捞出晾凉，去内脏，去骨取肉，切成5厘米的段状，洗净沾干水分，放入五六成热的热油锅中炸一下。海参去内脏洗净，切成条状，用开水汆一下。

2. 独头蒜去皮放入三四成热的油锅中炸透成金黄色捞出。

3. 炒勺里放入底油烧热，放入葱段、姜片煸炒出香味后，放入酱油、清汤、料酒、白糖、蒜、味精，烧开，放入海参和黄鳝一起烧至熟透入味，淋入水淀粉勾芡，再淋入葱姜油，出勺装盘即成。

制作关键

1. 鳝鱼过油时油温一定略热，火要旺，不可长时间炸。

2. 独头蒜尽量大小一致。

3. 㸆制海参和黄鳝时，先用大火，后用小火，最后勾芡时要用大火。

特点　色泽红润油亮，鳝鱼酥嫩，海参柔滑，味鲜醇。

飞龙汤

制作者：赵国梁

飞龙鸟学名榛鸡，俗称飞龙，是我国大兴安岭特产候鸟，是我国“禽八珍”之一，目前也是国家一级保护动物，不可食用。一般体重350～450克，胸肌发达，约占体重的50%。在东北民间，有“天上龙肉，地下驴肉”之说，所谓“龙肉”就是指飞龙肉而言。相传，飞龙是受过皇封的山珍野味，早在明末清初就是贡品。飞龙肉因脂肪少，常用整只或切块炖汤，汤水清澈，具有独特的鲜香味。

原料配方

主料 飞龙2只

香菇50克　火腿片25克　鲜笋片15克　油菜芯30克

料酒10克　鸡蛋清1个　盐2克　清汤750克

制作方法

1. 将飞龙宰杀后，去毛，除去内脏洗净，去骨取肉，将肉切成薄片状，加入盐、料酒、蛋清、水淀粉调匀，放入开水锅中汆熟后捞出。香菇切片。

2. 香菇、笋片、火腿片用开水略烫一下。

3. 炒勺里加入蒸好的清汤，烧开后放入飞龙片、香菇、笋片、菜芯，加入盐、料酒、味精，再烧开打去浮沫，出勺倒入汤碗内即成。

制作关键

1. 去骨取肉时要不要把肉弄碎。

2. 取出的肉要用清水泡。

3. 汆肉片时火要旺，要掌握好时间以免质老。

4. 清汤要用质量好的。

特点　汤清澈见底，飞龙肉细嫩，味道鲜美。

子龙脱袍

相传三国名将常山赵子龙英勇盖世，百战百胜。当曹操大军和刘备血战当阳长坂坡一带时，由于双方力量悬殊，刘备只好在众将掩护下且战且退。赵子龙（赵云）负责保护两位夫人和太子阿斗。眼看曹兵重重围困，二夫人犹恐受辱，便含泪嘱托赵云千万护阿斗杀出血路，为刘皇叔保留一条血脉，说罢便投井而死。赵云含悲推倒土墙掩埋土井后，转身奋力冲向敌群。好一个常山赵子龙，不愧五虎上将之誉，只见一条银枪盘旋飞舞，所到之处，敌手一一落马而亡。他怀揣阿斗左冲右突，拼死连杀几十员曹将，浑身伤痕累累。为了不负主子重托，他拼着最后一丝气力，终于从曹兵薄弱之处冲了出去。几经辗转，子龙找到了刘皇叔。赵云把鲜血染红的战袍从重伤的身上脱下来时，裹着的儿子阿斗还在酣睡之中。赵云将阿斗双手送到皇叔怀里时，刘备一下子将儿子抛到地下，感慨地说："为了这个小东西，竟险些损失我一员上将呀！"在场的将士无不为之震撼。后来的湘楚名厨为了表示钦敬"长坂坡"英雄赵云的忠心救主的美德而创制了"子龙脱袍"，并以鳝鱼寓子龙之意。子龙脱袍是一道以鳝鱼为主料的传统湘菜。因鳝鱼在制作过程中需经破鱼、剔骨、去头、脱皮等工序，特别是鳝鱼脱皮，形似古代武将脱袍，故将此菜取名为"子龙脱袍"。

原料配方

主料 黄鳝鱼750克

配料

冬笋30克　　红绿青椒各10克
发好香菇20克　　紫苏叶4片

调料

盐3克　　姜汁5克　　胡椒粉4克　　植物油50克
料酒6克　　香油3克　　醋3克
味精3克　　清汤150克　　淀粉10克

制作方法

1. 用刀划开鳝鱼，将皮撕下把肉放入开水中氽一下，捞出剔去骨头，切成6厘米长、0.3厘米粗的细丝，青椒、冬笋片、香菇切成略短于鳝鱼丝的丝。

2. 将切好的肉丝加入盐、蛋清、淀粉调匀浆好。

3. 炒勺里放入油烧至二三成热，放入浆好的鳝丝滑透捞出，控净油。

4. 炒勺里放入底烧热放入冬笋丝、青椒丝、香菇丝，翻炒几下放入鳝丝、料酒、盐、味精、醋、姜汁、清汤，翻炒，再放入胡椒粉、紫苏叶翻炒，淋入水淀粉勾芡，淋入香油出勺装盘即成。

制作关键

1. 鳝鱼一定要选用大一些的，要新鲜，皮要去净。
2. 过油时要掌握好油温。
3. 炒制时火要旺，动作要快。
4. 在调味时，胡椒粉、醋不宜过多。

特点 色泽艳丽，四色相映，咸香滑嫩，滑嫩适口。

焦炸龙须

制作者：赵国梁

清末光绪皇帝倾向维新，遭到慈禧太后软禁。慈禧在八国联军攻陷北京逃往长安途中，曾吃过用南瓜制作的菜肴。为除掉光绪同党，慈禧回京后传旨御厨贡献此菜，以赐朝廷旧官僚，并叫厨师将菜名改为“焦炸龙须”，暗喻除光绪及其同党的决心。御厨得知其中原由，深恐日后因菜获罪，便告老还至郧阳家乡，传授宫廷御膳烹调技艺，遂使此菜在民间流传。

原料配方

主料　南瓜芯250克

调料　盐3克　白糖75克　味精2克　植物油75克

制作方法

1. 南瓜去籽，擦成丝放入碗中，加入盐、味精稍腌。

2. 炒勺里放入油烧至三四成热，把南瓜丝捋顺分多次下入勺中，一边放入新的一边把先炸的捞出，直至全部炸完，控净油放在盘里，撒上白糖即成龙须。

制作关键

1. 南瓜丝擦制时注意力度，尽量使南瓜丝长一些。

2. 炸制时要掌握好油温。

特点　白中透黄，酥脆香甜。

猴头飞龙

此菜是用猴头菇和飞龙鸟烹制而成。飞龙鸟又称榛鸡、榛槌鸟等，分布于我国黑龙江、内蒙古、吉林省、辽宁省等地，肉质细嫩鲜美。猴头菇自身无显味，一般需要好汤赋味。

原料配方

主料 水发猴头菇200克 飞龙脯肉200克

配料 水发香菇50克 水发海参50克 冬笋25克 虾肉25克 火腿100克 植物油75克

调料 葱段20克 盐4克 鸡蛋2个 面粉100克 姜片15克 味精3克 水淀粉40克 清汤150克 料酒15克 白糖2克 鸡汤250克

制作方法

1. 将猴头菇切成厚片，放入开水锅中焯一下。飞龙肉、虾肉、海参、冬笋分别切成粒状，放入碗内加盐、料酒、香油、葱姜末拌成馅。面粉加水调成糊。

2. 炒勺里放入底油烧热，放入葱姜末煸炒出香味，放入鸡汤、料酒、火腿片、冬笋片和焯好的猴头菇片，再放入盐和味精把猴头菇烧至入味捞出，和火腿一起反摆在小碗里，加入鸡汤、料酒、味精、盐，葱段、姜片，放入蒸锅蒸至熟透取出沥干水反扣在盘中。

3. 鸡蛋制成蛋皮切成5厘米的圆形片，上面抹上面糊再把调好的飞龙馅抹在上面，香菇切成圆形盖在上面，放入蒸锅中蒸熟取出摆在猴头菇的周围。

4. 炒勺里加入清汤、料酒、盐、白糖、味精调好口味，烧开淋入水淀粉勾芡，淋在盘中猴头菇和香菇上即成。

制作关键

1. 猴头菇片切的一定要均匀，火腿一定要去掉咸味。

2. 飞龙馅抹在蛋皮上不要过大过厚。

3. 芡汁不要过浓而且要明亮。

特点 成品造型美观，质嫩柔软，鲜香爽口。

龙井虾仁

此菜早在明清时期就是江浙一带的名菜。传说，“龙井虾仁”与乾隆皇帝有关。有一次乾隆下江南游杭州，他身着便服，邀游西湖。时值清明，当他来到龙井茶乡时，天忽下大雨，只得就近在一位村姑家避雨，村姑好客，让坐泡茶。茶用新采的龙井茶和炭火烧制的山泉所泡。乾隆饮到如此香馥味醇的好茶，喜出望外，便想要带一点回去品尝，可又不好开口，更不愿暴露身份，便趁村姑不注意，抓了一把，藏于便服内的龙袍里。待雨过天晴告别村姑，继续游山玩水，直到日落，口渴肠饥，在西湖边一家小酒肆入座，点了几个菜，其中一道是炒虾仁。点好菜后他忽然想起带来的龙井茶叶，便想泡来解渴。于是他一边叫店小二,一边撩起便服取茶。小二接茶时见乾隆的龙袍，吓了一跳，赶紧跑到厨房面告掌勺的店主。店主正在炒虾仁，一听圣上驾到，极为恐慌，忙中出错，竟将小二拿来的龙井茶叶当葱段撒在炒好的虾仁中。谁知这盘菜端到乾隆面前，清香扑鼻，乾隆尝了一口，顿觉鲜嫩可口，再看盘中之菜，只见龙井翠绿欲滴，虾仁白嫩晶莹，禁不住连声称赞“好菜！好菜！”并把菜全部吃光。乾隆回到京城后，便吩咐御膳厨师赶到那家酒店学作此菜带回宫内，这样乾隆就能经常吃到这道佳肴。从此这道忙中出错的菜，经宫廷厨师和历代烹调高手不断总结改善一直流传至今。

原料配方

龙井虾仁视频

主料 河虾仁300克

配料 鲜龙井茶叶30克

调料 盐3克　姜汁6克　豆瓣葱4克　水淀粉20克　植物油50克
料酒8克　味精2克　蛋清一个　清汤50克

制作方法

1. 将虾仁用清水反复清洗，见虾仁洁白后放在碗里，加入盐、蛋清、淀粉搅均上浆。

2. 取茶杯一只放入新龙井茶叶，用开水沏泡1分钟后滤出茶汁和茶叶待用。

3. 炒勺里放入油，烧至三四成热时放入浆好的虾仁，滑至虾仁呈玉白色时立即捞出控净油。炒勺里放底油，烧热放入葱炝出香味，放入滑好的虾仁，加入盐、料酒、姜汁、味精和茶叶、茶汁翻炒，再淋入芡汁淋上明油即可装入盘中。

制作关键

1. 最好选用清明前的龙井新茶。泡茶时间不宜过长。
2. 虾仁上浆时最好用干布沾干水分。
3. 淋芡时要用旺火。

特点 色泽晶莹，虾仁鲜嫩清香。

芫爆龙凤丝

制作者：赵国梁

此菜是一道老北京传统菜肴，菜名依据配料、主料和烹调技法所起，这里的鳜鱼喻于龙，鸡喻于凤故名。过油后加入香菜和调味品，旺火爆炒而成。成菜白绿相间，清鲜爽口，咸香。

原料配方

主料　鳜鱼肉150克　鸡肉150克

配料　香菜梗50克

调料　盐3克　料酒15克　姜汁5克　味精4克　葱25克　蒜10克　香油5克　醋4克　胡椒粉5克　植物油60克

制作方法

1. 鱼肉、鸡肉洗净，分别去掉筋膜切成细丝，泡去血水沾干，放盆里加入盐、蛋清、淀粉调匀上浆。葱切成丝，蒜切成片，香菜去叶切成小段。

2. 植物油烧至二三成热，放入鱼丝和鸡丝滑透捞出控净油。

3. 炒勺里放入底油，烧热放入葱丝、蒜片，炒至出香味时，放入鱼丝和鸡丝，轻轻翻炒，边炒边加入料酒、盐、姜汁、味精、醋，最后放入胡椒粉及香菜梗、香油，搅拌几下出勺放入盘中即成。

制作关键

1. 鸡肉和鱼肉的丝要切的均匀，不可有连刀。

2. 过油时油温不宜过高。

3. 芡汁不宜过多。烹炒时要先放调味品后放香菜，此菜为清汁，不能勾芡。

特点　白绿相间，鲜咸，清鲜爽口。

龙迎凤还巢

此菜是一道传统养生菜，根据京剧《凤还巢》的故事而得名，是用鸡肉加上鲜虾仁烹制而成。“鸡喻于凤，虾仁喻于龙。”在烹调技法上采用爆炒，在口味上适合大众所喜爱的鲜咸口，成菜色泽洁白，质地软嫩，口味鲜咸。

原料配方

主料 鸡脯肉150克 虾仁150克

调料 料酒6克 盐3克 味精2克 姜汁6克 豆瓣葱5克 蛋清一个 淀粉25克 蒜片5克 清汤50克 植物油60克

制作方法

1. 鸡脯肉去掉筋膜切成1厘米见方的丁，洗净，加蛋清、盐、淀粉浆好。虾仁挑去沙线洗净，加入盐、蛋清、淀粉浆好。

2. 取一个碗，里面放入汤、姜汁、盐、味精、料酒、淀粉、蒜片、豆辨葱调成碗芡备用。

3. 炒勺里放入油，烧至二三成热时放入浆好的鸡丁和虾仁滑透，捞出控净油再倒回炒勺，翻炒几下，然后倒入调好的碗芡，轻轻翻炒几下，淋上明油即可出勺装入雀巢中，再放入盘中。

制作关键

1. 鸡丁、虾仁要洗净泡白，分别浆好。

2. 掌握好过油的油温。

3. 芡汁不宜过大。

特点 色泽洁白，质地软嫩，口味鲜咸。

龙井鲍鱼

此菜是一道民间传统菜。所用原料主料鲍鱼，鲍鱼亦称鳆鱼，是名贵的海产珍品，列海味之冠，鲍鱼常年栖息于海藻丛生、多岩礁的海底。

鲍鱼制作菜肴始见于《汉书·王莽传》，后元代的《葵辛杂谈》等古籍均有记载。明清时期，鲍鱼被列为“八珍”，成为名贵烹饪原料之一。

我国市场供应的鲍鱼有三大类，第一类为鲜品，又分为时鲜品和速冻品两种。时鲜品在产地始有供应，随采随用，最为鲜美，速冻品供应于非产区，这两种宜用于爆、炒、拌、炝等烹调法，菜品原汁原味，鲜美脆嫩，尤以时鲜的风味更为突出。第二类为罐头制品，以鲜鲍鱼经蒸煮后制成，可直接食用，也可进一步烹调加工，一般用于烧、烩、扒、熘等，或做羹汤、冷盘，口感柔软，鲜味略次于鲜品。第三类为干制品，采用鲜鲍鱼煮熟后干制而成，一般有淡干品和咸干品两种，以淡干品质量为好，干鲍鱼在烹制前需提前涨发，常用的涨发方法有蒸发、煮发等，发制后的鲍鱼呈乳白色，肥厚软滑。

此菜选用著名的杭州狮峰龙井茶为配料，借其香味烧制鲍鱼。成品形象美观，杯中的龙井茶和盘中的鲍鱼相映成趣。食之，清香软嫩，鲜美爽口。

原料配方

主料 罐头鲍鱼2桶

配料 龙井茶5克

调料 盐3克　料酒8克　姜汁6克　豆瓣葱5克　白糖2克　味精3克　葱姜油15克　清汤50克　胡椒粉5克　干淀粉10克

制作方法

1. 鲍鱼片成薄片用原汤泡上。龙井茶放在玻璃杯中用开水泡透沏好，把玻璃杯反扣在盘中两侧，随吃随把茶水倒入盘里。

2. 炒勺里放入底油烧热，放入葱姜煸炒出味后放入清汤、料酒、盐、白糖、味精、胡椒粉和鲍鱼片一同烧至入味，淋入淀粉勾薄芡，淋上葱姜油，盛放在盘中的茶水中即成。

制作关键

1. 鲍鱼片薄厚要均匀，不要太厚，烧制时要用清汤。
2. 茶水沏的浓度要适宜，突出茶香味。
3. 出勺时汤汁不宜过多。

特点 形象美观，杯中的龙井茶和盘中的鲍鱼相映成趣。食之带有浓郁的龙井茶香味，清香软嫩，鲜美爽口。

酸辣龙利鱼

制作者：赵国梁

原料配方

 龙利鱼肉250克

 发好香菇50克　冬笋50克　胡萝卜25克

 料酒6克　盐2克　姜末4克　葱5克　干辣椒3克　豆瓣辣酱5克　白糖2克　蒜片3克　鸡蛋清1个　水淀粉50克　清汤75克　醋6克　植物油60克

制作方法

1. 鱼肉洗净，切成片状加入盐、蛋清、淀粉调匀浆好。香菇、冬笋、胡萝卜分别切成片状，放入开水锅中焯一下。把浆好的鱼肉过油滑透。

2. 取一个碗里面放入清汤、料酒、白糖、盐、醋、水淀粉调成碗芡汁。

3. 炒锅里放入底油烧热，放入葱姜末、辣酱、干辣椒、蒜片煸炒出香味后放入过油后的鱼片和香菇、冬笋、胡萝卜翻炒，随后放入碗芡汁，用大火急速翻炒，至全部成熟，淋入明油出锅装盘即成。

制作关键

1. 鱼肉要新鲜，浆制均匀。
2. 掌握过油的油温，不可过高。
3. 芡汁不要过多。

特点　式样美观，酸辣适口，肉鲜嫩。

乌龙烧鱼唇

制作者：杨旭

此菜是老北京人喜食的一道海味菜。干海参需先行涨发后再烹制菜肴。海参以其肉质细嫩，富有弹性，爽利滑润的口感取胜，此菜色泽红润油亮，海参鲜咸软嫩，鱼唇软烂，特别适合老年人食用。

原料配方

主料　发好海参200克　发好鱼唇200克

配料　黄瓜20克

调料　葱姜油5克　料酒5克　豆瓣葱6克　姜末4克　白糖2克　味精1克　水淀粉50克　清汤250克　植物油40克

制作方法

1. 海参和鱼唇分别放入锅里，加入水和料酒分别焯一下，黄瓜切片。

2. 炒勺里放入油烧热，放入豆瓣葱、姜末煸炒出香味，倒入清汤烧开，放入海参、鱼唇烧开打去浮沫，放入料酒、白糖、味精烧开用小火把海参、鱼唇㸆至成熟入味，淋入水淀粉勾芡，淋入葱姜油出勺放入盘中，再用黄瓜点缀即成。

制作关键

1. 海参、鱼唇要发透。
2. 此菜要用好汤。
3. 勾芡时要用旺火。

特点　色泽明亮，黑白相间，软嫩鲜香。

锅塌黄龙

制作者：杨旭

“锅塌”技法是民间的一种传统烹饪技法，也是北京烹饪技法中别具风格的一种。

它将煎炸与煨炖等法复合而成。所制的菜肴爽利，且柔和绵软。相传山东福山县有一富豪，嗜食海味，他特地聘请了当地有名望的厨娘撑灶。有一天，厨娘烹制的“油煎黄鱼”因火候欠妥，便加入少许葱、姜、花椒、八角等调料烹锅，加汤，将鱼煨至汁尽，端鱼上桌。富豪举箸就食，觉鲜香味浓，迥异往日，问厨娘制作方法。厨娘答曰：只是将鱼回锅“塌”了一下（胶东把酥脆食物再入锅煎蒸回软谓之塌）。

这款“锅塌黄鱼”后流传至北京，北京的厨师又根据当地口味加以改变至今已有三四百年，以其香醇味美而盛名不衰。北京老字号饭庄“柳泉居”烹制此菜堪称一绝。

原料配方

 鲜黄鱼1尾（约重600克）

 鸡蛋液150克

调料 清汤250克　干淀粉75克　花生油50克　葱姜丝各10克　料酒4克　精盐4克　醋3克

制作方法

1. 将黄鱼收拾干净，剁下鱼头，去骨取肉切成片，在鱼肉表面剞十字花刀，加盐、料酒腌至入味。

2. 将鸡蛋打入碗内搅匀。

3. 炒锅内放入花生油，烧至四成热时，将鱼肉蘸匀干淀粉，并在鸡蛋液中拖一下，下油锅煎至金黄色捞出。

4. 将炒锅放入花生油，烧至六成热，用葱、姜丝爆锅，加入清汤、煎好的鱼片、料酒、精盐、醋，用旺火烧沸，小火塌到汤汁剩下一半时，将鱼片捞出放入盘内摆放整齐，再将汤汁浇在上面即可。

制作关键

1. 黄鱼去骨时宜从背脊处去除。

2. 煎时注意控制火候，煎至金黄色即可，过火容易煎糊，火力不宜过大。

3. 鱼片慢火煨时，火力宜小，便于入味，保持鱼片形整不烂。

特点 色泽金黄，软嫩鲜香。

泌州黄烩乌龙

此菜选用上乘的泌州黄小米和辽参作为主料进行烹制，是一款高档原料和普通原料结合，营养价值互补的创新菜肴。辽参是海参的一种，主产于我国山东、辽宁一带，又称为刺参，通常栖息于海流平静、岩石礁或泥沙海底。

泌州黄小米，属山西特产，起源于我国黄河流域，在我国已有悠久的栽培历史。由于其色泽金黄故称其为金米。小米又名粟，古代叫禾，是一年生草本植物，属禾本科，我国北方通称谷子，去壳后叫小米，泌州黄小米，是中国小米中的一个特殊品种，它择土性很强，只适宜在山区瘠薄干旱的土地生长，而别处引植，到了下一年就完全退化。小米粒小，色淡黄或深黄，质地较硬，制成品有甜香味。

原料配方

主料　涨发好的海参10只
泌州黄小米500克

构杞子5粒

盐5克　白糖10克
料酒10克　高汤1000克
胡椒粉5克

制作方法

1. 小米洗净放入高汤，上火熬成小米粥，加入精盐调味。构杞子用水泡发好备用。

2. 锅上火放入高汤、料酒、胡椒粉、白糖，调好味道，放入海参煨制入味。

3. 将煨好的海参放在小米粥里面，煨制5分钟后倒入盛器中，上面放枸杞子即成。

制作关键

1. 小米一定要用泌州的。

2. 海参在和小米烩制前一定要用好汤煨制入味。

特点　海参软硬适中、入味。小米粥稀稠适中，鲜香。

龙身凤尾虾

制作者：杨旭

此菜是传统名菜，选用鲜虾和黄瓜烹制而成，充分体现厨师的烹饪工艺技巧，利用熟练的刀工技术把虾翻卷立尾成为象形龙身，尾开如凤，刚健姿美如凤，给食客美的享受。

原料配方

主料 活海虾500克

 黄瓜150克

 料酒10克、盐3克、味精3克、葱段10克、姜片6克、干淀粉25克、植物油70克

制作方法

1. 虾去皮、头，留尾，由脊背片开成椭圆形，斩断筋，加入味精、葱姜、料酒、盐，略腌后用刀拍平撒上干淀粉，由虾头卷起，虾尾要露在外面成为龙身凤尾虾坯。
2. 黄瓜刻成叶子状。
3. 炒勺里放入油烧至二三成热，把虾放入油锅中炸熟，捞出控净油，摆放在盘里黄瓜叶子旁即成。

制作关键

1. 虾要选用稍大些的。
2. 腌制时间不宜过长。
3. 炸制时要掌握好油温，不宜过高或过低。

特点 虾肉玲珑剔透，姿美如凤。食用时蘸花椒盐或果汁。

菜花烧龙衣

制作者：李洪涛

此菜是采用异类嫁接法创新而来，特别是在用料上采用高档鲨鱼皮经发制再结合碧绿的菜花一起进行烹调，在制作中工艺精细，荤素搭配，成形后菜花碧绿，形似翡翠，鱼皮软烂，式样美观，口味咸淡适中，在经营中深受食客喜爱。因鱼皮喻于龙衣故名。

原料配方

主料 水发鲨鱼皮250克

配料 菜花200克

调料 盐3克 姜汁4克 葱段10克 葱姜油15克 料酒10克 味精3克 清汤500克 熟猪油30克 姜片15克 白糖2克 水淀粉25克

制作方法

1. 发好鱼皮洗净，用开水焯一下，再切成块放入勺中加入清汤、料酒、盐、姜汁、味精煨至入味，去掉原汤放在碗里。

2. 炒勺里放入水烧开把菜花焯一下，加盐入味炒熟。

3. 炒勺里放入猪油烧热，放入葱姜煸炒后加入清汤、盐、料酒、姜汁、味精，放入鱼皮，烧至入味后，淋入水淀粉勾芡，再淋上葱姜油即可出勺摆放在盘里。

4. 把炒好的菜花围在周围。

制作关键

1. 鱼皮要发透并煨至入味。

2. 菜花焯时一定要用开水，时间不宜过长，保持脆嫩。

3. 勾芡时宜用旺火，不可过多搅拌，以免芡汁发生混浊现象。

特点 白绿相间，芡汁明亮，鲜嫩。

金汤烧龙肚

制作者：姜海涛

原料配方

主料　水发鱼肚250克

配料　枸杞子1克

调料　料酒8克　盐3克　味精5克　胡椒粉3克　金汤150克　葱姜油5克　高汤1500克　水淀粉25克

制作方法

1. 水发鱼肚放入高汤内反复汆煮两遍，除去腥味。
2. 油菜心洗净，热水汆熟，摆盘待用。
3. 锅内注入金汤，加入精盐、味精、料酒、胡椒粉调好味放入鱼肚，煨烧两分钟，至充分入味，淋入水淀粉勾芡，放在小汤古中，淋入葱姜油。
4. 枸杞点缀上面即成。

制作关键

1. 鱼肚应选择透明度好、无杂质、无异味、没腐败变质的，涨发时要掌握好各道环节，使发制的鱼肚色白质嫩，符合菜肴制作要求。
2. 鱼肚发好后，应多次汆洗。
3. 煨制鱼肚时火候不宜过大。

特点　色泽微黄，汤鲜味香。

锅巴龙仔

作者：李洪涛

此菜又名“平地一声雷”，“天下第一菜”，用虾仁和锅巴为主料制作而成，是民间的一道传统名菜，后传入宫廷。据传，此菜始于清乾隆年间。乾隆皇帝下江南时，在无锡某地一家小饭馆就餐，店家用家常锅巴，经油炸酥，把虾仁、熟鸡丝和鸡汤调制成卤汁，送上餐桌时把卤汁浇在炸好的锅巴上，顿时发出“吱吱”的响声，阵阵香味扑鼻而来，只见那菜卤汁鲜红，锅巴金黄。再仔细一品尝，锅巴鲜香松酥，虾仁软嫩，酸甜咸鲜，美味可口。乾隆皇帝在宫中从没有吃过这样的美味佳肴，当即称赞这道菜说：“此菜如此美味，可称天下第一菜！朕一定要把此菜带回宫中，叫宫中的人也尝一尝天下竟有如此美味。”

早在我国唐朝时期，一些地区就有用锅巴制作菜肴的习俗。民间一般用糖汁、肉末制汁浇拌锅巴，只不过是一般菜，并无美名。自乾隆品尝后，又带回宫中，此菜名声大振，身价百倍，被誉为“天下第一菜”，又因将汤汁倒在锅巴时的独特声音而被称为“平地一声雷”。因虾仁喻于龙仔故名。

原料配方

主料 虾仁200克

配料 锅巴100克　彩椒5克　水发木耳15克

调料 鸡汤250克　豆瓣葱8克　姜末8克　料酒10克　精盐2克　白糖40克　水淀粉50克　醋8克　植物油50克

制作方法

1. 虾仁去沙线收拾干净，沥净水后，加入蛋清、精盐、干淀粉拌好上浆。彩椒切成片状用开水焯透。

2. 将炒锅烧热，加入油烧至三四成热，下入虾仁滑透后倒入漏勺；锅内留少许油，加入葱姜煸炒，随后放汤、精盐、味精、白糖、料酒烧开，调好口味，再下虾仁、木耳和彩椒，用水淀粉少许勾兑成二流芡，淋上热油，倒入碗内，成为锅巴汁。

3. 锅巴掰成大小均匀的方块，入油锅炸至金黄酥脆后捞出，与刚出锅的热锅巴汁一起上席，迅速将热汁倒在锅巴上，立即发出“吱吱”的响声，便可食用。

特点 别有特色，酥脆酸甜。

制作关键

1. 虾仁一定要去掉沙线洗净，上浆时最好用干布把虾仁沾干水分。

2. 锅巴要选用糯米锅巴，要薄，并且厚度均匀，炸锅巴时要掌握好油温，油温要高，锅巴涨发快不吸油，吃口好，如果油温过低，锅巴发的慢，吃起油多不酥。

3. 调芡汁时要掌握好火候和芡汁的浓度，以免食用时原料挂不住芡汁。

龙舟鱼

此菜出自清朝康熙年间，据说，康熙帝在历代君王中是出类拔萃者之一，他精明能干，聪明过人，并经常到各省巡视。

话说康熙帝又一次南巡，乘舟抵达苏州，饱览了著名的园林后，闻听苏州河上一年一度的彩船庆会正在进行，他一时心血来潮，也要去看看，于是，康熙换上便装，带领几个心腹太监，偷偷离开了住地来到苏州河边。

宽宽的河面上，五颜六色、大大小小的各式彩船东游西荡，船中坐着穿红挂绿的男男女女。在一些大船上，则有的搭起彩楼，请来了民间艺人，鼓乐喧天，吹拉弹唱，热闹异常。

康熙越看越高兴，也想乘船到江中，于是命随来太监去找船。正巧不远的岸边正停着一条涂黄描绿的彩船无人租用，太监和船主谈妥后，康熙上了船，彩船顺流而下，在大大小小的彩船中迂回慢行，康熙兴致勃勃地饱览了这传统的民间大会的热闹场面，同时也为自己治国有力而高兴。

时近正午，康熙觉得腹中饥肠辘辘，命人准备酒菜，一会儿酒菜送上来，康熙望着热气腾腾的菜很是震惊，这哪里是菜，简直是一件艺术品。天下的菜他吃过无数，可就没见过面前这种菜，他左看看，右瞧瞧，忙问太监："此菜唤作何名？"

"禀告万岁，龙舟鱼。"

"何人所做？"

"船上一个老妈妈做的。"

听罢，康熙无限感慨地说："天下竟有如此能工巧匠。"后来康熙命人把这道菜的做法记录下来带回宫中，"龙舟鱼"一时成为宫中最受欢迎的佳肴。

制作者：李洪涛

原料配方

主料　黄花鱼1条（约重750克）

配料

虾仁150克	鲜豌豆10克	鸡肉25克
熟火腿40克	干贝15克	猪肉25克
水发海参100克	香菇25克	鹌鹑蛋5个

调料

葱段25克	盐4克	醋8克
姜片15克	白糖40克	植物油100克
料酒15克	干淀粉100克	

制作方法

1. 黄鱼由脊背切开去骨去内脏洗净，加入葱姜、料酒、盐略腌，蘸上干淀粉放入五成热的油锅中炸定形，熟透。

2. 把虾仁、香菇、海参、鸡肉、猪肉、火腿分别切成小方丁，用水焯一下，干贝发好，成为加工好的配料。

3. 炒勺里放入底油，烧热放入葱、姜和所有配料一同翻炒，随炒随放入料酒、盐、味精、白糖、醋，直至全部炒熟，淋入水淀粉勾芡，盛到炸好的黄鱼里即成。

制作关键

1. 鱼去骨后，在鱼肉内侧切上花刀，略腌，便于入味。

2. 炸鱼时鱼要先蘸上干淀粉但不要蘸的过早，入油锅炸时油温要略高些，但油量不要过多，鱼炸定形后再加入油把鱼炸透即可，不能炸干。

3. 调味时要掌握好，不可大甜大酸，芡汁不要过多。

特点　外型美观，口味酸甜，焦脆爽口。

“龙井豆腐”作为我国特有的传统美食，营养丰富、口感独特，赢得上至帝王将相下至平民百姓的青睐。其高蛋白、低脂肪的特点堪称养生、益寿、延年的美食佳品。捧一盅盛在白瓷盖碗中玲珑喜人的龙井豆腐，啜饮回味悠长、鲜滑香爽的高汤，细品山珍海味与香茗间交融的特色口感，这来自皇家清新的玉食之风亦可在纷繁的都市间静静品味。

“龙井豆腐”源于北京老舍茶馆宫廷食府品珍楼，此款美味系老舍茶馆名厨以鸡蛋为原材料自制主料嫩豆腐，并精心选用猪肘、牛肉、老鸡、干贝等食材，细火慢炖六小时余，精制而成高汤，后辅以老舍茶馆茶基地生产出的大佛龙井鲜茶制作而成。成菜汤色金黄清澈，鲜香馥郁，龙井嫩牙青绿，豆腐鲜滑爽嫩，口味清新。

原料配方

主料 自制鸡蛋豆腐300克

配料 大佛龙井茶2克
清鸡汤200克

调料 盐2克

制作方法

1. 将鸡蛋豆腐切成4厘米见方的方块放入茶碗中，上蒸箱蒸5分钟取出，中间用牙签刺个洞，备用。
2. 大佛龙井茶用90度纯净水泡好。
3. 锅烧热，加入清鸡汤，调好口味，倒入茶汁。
4. 将豆腐中间插入泡好的龙井嫩芽，浇入调好味的茶汤即可。

制作关键

1. 要用自制的鸡蛋豆腐。
2. 最好选用品质好的龙井茶。

特点 茶汤清澈，豆腐滑嫩，咸鲜。

梅花龙茸干贝

制作者：姜海涛

干贝是扇贝或日月贝的闭肌肉制干而成，烹制菜肴时，要发透发好再用。此菜是北京老字号饭庄柳泉居的传统名菜。它选用鳜鱼肉和干贝加以其他原料烹制而成。此菜选料精，工艺细腻，讲究火候，造型美观，口味鲜咸香，是宴会上的一道大菜。

原料配方

主料 干贝150克 鳜鱼肉100克

配料 黄瓜25克 红樱桃6个

调料 料酒6克 姜汁8克 盐3克 味精2克 蛋清150克 干淀粉10克 清汤500克 葱姜油10克

制作方法

1. 鳜鱼肉洗净制成茸，放入少量盐、味精、姜汁、淀粉和鸡蛋清调匀，放入6个梅花铁模子中上蒸锅蒸透取出，去掉梅花模。黄瓜洗净切成圆片，樱桃一片两片，黄瓜片和樱桃片放在每个龙茸梅花上面。

2. 干贝洗净，用清水略泡，然后用干布沾干水分摆放在碗里加入葱段、姜片、清汤，放入蒸锅里蒸至发透成熟，取出把干贝扣在盘中，再把蒸好的梅花摆放在周围。

3. 炒勺里放入清汤，加入盐、料酒、姜汁、味精烧开，淋入水淀粉勾芡，再将葱姜油浇在干贝和梅花上即成。

制作关键

1. 干贝发的要适度，最好选用品相较好、较完整的。

2. 蒸龙茸梅花时要严格掌握火候，以免蒸老。

3. 芡汁不宜过浓。

特点 式样美观大方，咸香软嫩。

蟹黄龙唇

鱼唇是以鲟鱼、鲨鱼、犁头鳐鱼的吻部软肉干制而成，也有连鼻带眼及鳃部割下后干制而成，古称鹿头，又称鱼嘴，以犁头鳐唇为最好，被列为“中八珍”之一。

我国唐代已有食用鱼唇的记述，明代《本草纲目》中记载，“鲟鱼”即鳇鱼，其脊骨口鼻并鳍与鳃，皆脆软可食。清末民初，鱼唇已成为筵席珍馔，常有以鱼唇为首席的鱼唇席了。

“蟹黄龙唇”是北京仿膳饭庄的名菜之一，该店坐落在北海公园琼岛以北。辛亥革命后，清宫御膳房的厨师，先后流散到民间。1925 年，曾在清宫菜库当过差的赵仁斋在北海公园内开设了一个饭馆，聘来几位原清宫的厨师，仿照清宫“御膳”的做法，制作各种菜点，因而取名“仿膳”。其菜品的特点主要是选料精，制作细，色泽美观，口味醇鲜，独具一格，别有风味。此菜按清宫御膳房的做法制作，用蟹黄调味，成菜色泽红润，汁浓味厚，鱼唇柔软有劲，并带有浓郁的螃蟹鲜味。

制作者：于赤军

原料配方

主料 发好鱼唇500克

配料 蟹黄30克

调料

水淀粉25克	味精3克	奶汤600克
料酒20克	葱段10克	熟猪油50克
精盐3克	姜片5克	葱姜油10克

制作方法

1. 将鱼唇发好用凉水洗净，初步去掉腥味，切成长5厘米、宽2厘米的条，放入开水锅里氽一下。

2. 将奶汤倒入炒锅中，加入精盐、料酒、味精，再放入发好的鱼唇用微火煨煮，以同样的方法再煨煮一次，以去腥味，最后沥去汤将鱼唇整齐地放入盛器中。

3. 将炒锅置于火上，放入猪油烧热，放入葱姜煸炒出香味后放入蟹黄，煸炒一下加入料酒、精盐、味精、奶汤和焯好的鱼唇，用旺火烧开，煨至入味后淋入水淀粉勾芡，使汁变稠，淋入葱姜油即成。

制作关键

1. 鱼唇发制时要掌握水温、时间，不可发的过火，切的片不宜过大。

2. 煨至鱼唇时，最好煨两次。

3. 炒蟹黄时，要炒透。

特点 芡汁明亮、咸鲜香。

炉肉扒乌龙

制作者：于赤军

原料配方

主料 水发灰参300克

 炉肉200克

 酱油5克 味精2克 清汤200克 料酒10克 白糖2克 葱姜油10克 盐1克 姜末4克 水淀粉25克

制作方法

1. 将海参去沙和杂质漂洗干净，放入开水锅中焯一下，用漏勺捞出控水备用。

2. 取炉肉顶刀切成长8厘米、宽3厘米的厚片，摆放整齐，待用。

3. 炒锅上火，加入清汤，下入酱油、料油、盐、味精、白糖，开锅后打去浮沫，将炉肉皮向下托入锅内，煨至入味，再把海参放在炉肉边上烧透入味，然后用水淀粉勾芡淋入葱姜油，大翻勺托入盘中即成。

制作关键

1. 炉肉要蒸透，海参要洗净。

2. 在烧海参时，如果颜色不够，可以放入适量糖色。

3. 此菜是一道扒菜菜肴，在炒勺里勾芡后要采用大翻勺的技术，因此汁芡不易过多。

特点 色泽红润油亮，口感软糯，味道鲜美。为保持此菜的造型，应采用大翻勺技术（也可烧透入味后，摆放在盘然后淋芡汁）。

炉肉，又称“烤方”“挂炉肉”“响皮肉”，老北京传统名菜，是久已绝迹的美味。乾隆年间潘荣陛所著《帝京岁时记胜》“八月”“时品”条中就记有“南炉鸭、烧小猪、挂炉肉”。此处的取小猪烤之，则为烧小猪，其不用小猪者，名为炉肉。当时使用的地炉又称“焖炉”，后改“叉烧”，然后发展为“挂炉”，所以旧时烤鸭店俗称“炉肉铺”或“鸡鸭行”，全聚德烤鸭店现保留的光绪14年所建老店门面左上方砖刻“老炉铺”依然醒目。《帝京岁时记胜》又记“中秋桂饼之外，则……烧小猪、挂炉肉”。说明炉肉不但与烤鸭齐名，且清代时即为中秋时品。

炉肉，老北京60岁以下的人，听说过的已经不多了，吃过的就更是寥寥。这边说起“炉肉”时眉飞色舞，那边不少人则听成“驴肉”，还觉得莫名其妙。早先天福号酱肘子铺还在老北京西单牌楼下的时候，除了以“肥而不腻，瘦而不柴”著称的酱肘子之外，另一个招牌就是炉肉。1938年，天福号已经在北京开创了电话订购炉肉，安排自行车送货上门的服务。如今60岁以上的老北京人，谈起炉肉都会两眼放光。21世纪初，天福号第七代传人王守祥老师傅将已熄火53年的炉肉烤制出炉，使久违了的炉肉又回到老北京人的餐桌上。如今，天福号的炉肉出自北京顺义的一个僻静小院，在顾客下完订单后，由天福号第八代传人冯君堂师傅和徒弟在这个堆满了果木的小院手工完成。

炉肉，精选猪五花肉，得是皮薄肉嫩的优质五花，差不多18厘米宽、30厘米长、5厘米厚的一整块，去毛洗净，然后在0~10℃通风的专用房屋内晾晒，就像烤鸭在进炉前也要适度风干才能烤出脆皮一样。把晾晒好的五花肉，两边用铁签子插入定形，挂在钩子上，送入烤炉内挂起，用果木熏烤。熏烤时间根据肉质而定，皮薄肉块小则时间短，皮厚肉块大则时间要略长一些。为使膛温达到200℃，每天的第一炉耗时相对略长。先烤皮，直至外皮烤出均匀的金色泡泡，再烤里子。每炉每次只能烤12方肉。最开始，每天只烤24块炉肉，到现在，增加了两个炉，每天最多能烤60多块。一炉需要至少三四个小时，并且要随时添减木炭。粗粗一算，一炉一天得消耗一二百斤果木。天福号第八代传人冯师傅告诉我们，判断炉肉是否烤好，主要看肉的颜色和走油的情况。开始，油量走得多，滴油的频率比较快，如雨滴一般，快烤好的时候，油走得差不多了，肉的颜色越来越深，几秒钟才滴一滴油，就算基本烤好了。

炉肉在烤前没有经过任何腌制，刚出炉的炉肉吃起来只有淡淡的熏烤之气以及猪肉本身的浓香味。出炉后，一块约一千克重的炉肉马上会被运回天福号同样位于顺义的加工厂，在那里完成回软、分割、灭菌、包装等工艺，才会被送到天福号的部分分号，到达顾客手中。传统上，烤鸭和炉肉都是秋天过后入冬才会吃的，也讲究时令的。现在，虽然烤鸭一年四季都能吃，但是天福号坚持只在应季的时候售卖炉肉，因此炉肉上市的时间只有每年11月至来年2月底，最晚至3月初，视气候而定。

炉肉和海参烹制在一起，味道鲜醇，咸香口感软糯，色红亮，是老北京的一道传统菜。

用炉肉做的菜看很多，它可以作主料，也可以作配料。如“菜芯炉肉”“扒炉肉黄菜芯”等。海参也可以作主料，也可作配料。如“红烧海参”“芙蓉海参”“丸子烧海参”等。

斑龙海参

制作者：于赤军

此菜是山东烟台到青岛一带的传统名菜，也是鲁菜系中的品牌之一。此菜也是源于民间传说，相传八仙是从蓬莱漂洋过海，成仙得道的。中国海岸线那么长，八位仙人缘何选择蓬莱作为他们的渡海之处呢？据说是由于八仙只有服用“蓬莱阁脚下的海参”与“千年人参”“百年何首乌”共同配制而成的“仙药”（就是指“斑龙海参”），才能功力大增，一举成功。八仙当时因为服后神清气爽，力气倍增，感觉奇妙，曾萌生过只欲享受美味不想成仙的念头，故迟迟不忍离去，终日饮酒饱食，吟诗作赋，险些耽误了真正成仙的日期。此事激怒了玉皇大帝，他责成东海龙王在八仙渡海时兴风作浪，设置重重障碍，以惩罚他们留恋人间美味，不思修炼的罪过。

谁知八仙服用此种“仙药”后竟然功力非凡，法术无比，再加上八仙利用手中宝物，竟然冲破重重艰难险阻，成仙得道。所以才有了“八仙过海，各显神通”之说。

难怪后人对八仙不思成仙恋海参的佳话不胜感叹：“海市蜃楼皆幻影，天天海参即神仙。”传说归传说，能吃上千年人参和百年何首乌实在是难上之难，但吃海参还是比较容易的。我们今天吃到的“仙药”——斑龙烧海参则是以鹿茸、虾仁与海参一起烧制而成。

原料配方

主料 水发海参500克

配料 鹿茸粉10克

调料

酱油5克	盐1克	姜片5克	清汤200克
料酒15克	味精4克	水淀粉15克	
白糖2克	大葱50克	葱姜油10克	

制作方法

1. 海参去内脏洗净放入锅开水中焯一下。大葱切段。

2. 大葱段炸成金黄色。

3. 炒勺内放入葱姜油烧热，放入葱姜煸炒后加入酱油、料酒、白糖、清汤、盐、味精和焯好的海参、葱段、鹿茸粉煨10分钟，㸆至入味，放入水淀粉勾芡，再放入葱姜油，出勺即可。

制作关键

1. 烧制时要注意调味品的投放顺序。

2. 芡汁不宜过多过浓，要明油亮芡。

特点 色泽红润油亮，质地软嫩，口味鲜咸。

海龙干贝酥鸭

此菜是宫廷满汉全席中的一道大菜。它采用独特的整鸭脱骨法和填酿法，把形似龙身的海参和鲜味十足的干贝加入调味品经过炒制成为馅状，酿入鸭子的腹腔中，然后烹制成熟。菜肴成熟后，色泽金黄，鸭子软烂，酥香醇厚。

原料配方

主料 嫩鸭1只约重1750克

配料 发好灰参200克　熟火腿25克　冬笋50克　植物油100克　水发冬菇50克　水发干贝100克

调料 葱油30克　料酒50克　葱段50克　姜片10克　酱油15克　味精5克　精盐8克　清汤750克

制作方法

1. 鸭子宰杀后，褪净毛，去内脏，采用脱骨方法剔去内骨，外形仍如完整的鸭子，用清水洗净。

2. 将火腿、冬菇、冬笋切成小丁，干贝撕成丝，海参也切成小丁。

3. 将切好的几种丁和干贝放入锅中用旺火煮沸焯一下，捞出控净水，放在锅内，加入酱油15克、料酒30克、味精和葱油调匀，放在火上炒透，成为熟馅，从鸭脖处全部填入鸭腹内，然后用针线把脖口缝好，随即放入沸水锅内（水要漫过鸭子），烫3分钟捞出，擦干水分，放在盆里。

4. 盆里放入清汤、酱油、精盐、味精少许和葱姜，放入蒸锅中蒸至软烂，取出鸭子，鸭肚朝上轻轻地沥去汤水，把鸭子放入五成热的油锅中炸成金黄色捞出，整齐地摆放在盘里即成。

制作关键

1. 鸭子脱骨时不要碰破皮，以免露出馅。
2. 海参要洗净，干贝要发透。
3. 炸鸭时油温不可过低，时间不宜过长。
4. 上桌时可以整只，也可切条。

特点 色泽金黄，鸭子软烂，酥香醇厚。食用蘸花椒盐或番茄沙司，别有风味，是满汉全席的一道大菜。

菠菜银龙羹

制作者：张云华

此菜是龙宴上的一道汤菜，主料是鲜鳜鱼肉，菜肴成形后，汤汁犹如翡翠一般，味道鲜美醇厚。

原料配方

主料 鳜鱼丝150克

配料 菠菜200克

调料 盐2克、料酒8克、姜汁6克、味精2克、鸡油2克、清汤200克、水淀粉20克、植物油50克

制作方法

1. 鳜鱼丝洗净，加入蛋清、盐、淀粉上浆。菠菜用清水洗干净，切成茸状。

2. 炒勺里放入油烧至二三成热，放入鱼丝，把鱼丝滑透捞出控净油。

3. 汤勺中放入清汤，烧开放入鱼丝和菠菜茸调匀，加入盐、料酒、姜汁、味精调好味，见鱼丝已熟，淋入水淀粉勾芡，再淋上鸡油，盛入汤碗中即成。

制作关键

1. 鱼丝要切得长短粗细一致。
2. 芡汁浓度均匀。
3. 滑油时油温要控制好。

特点 色泽绿亮，鲜咸。

原料配方

主料：发好刺参100克、鸡脯肉100克

调料：料酒4克、姜末3克、盐2克、豆瓣葱4克、味精2克、鸡蛋清1个、干淀粉15克、清汤50克

制作方法

1. 海参肉切坡刀片成4厘米的片，放入开水锅中焯一下。鸡肉也切成片状，洗净，放入蛋清、干淀粉调匀上浆。

2. 取一个碗，里面放入清汤、料酒、盐、姜末、味精调成碗芡汁。

3. 炒锅里放入油烧至二三成热，把浆好的鸡片放入油锅中滑至七八成熟，捞出控净油。

4. 炒锅里放入底油烧热，放入豆瓣葱煸炒出香味后放鸡片、海参一同翻炒两下，倒入调好的碗芡汁，用大火急速翻炒，见全部成熟，淋入明油出勺装盘即成。

制作关键

1. 鸡片大小要均匀。
2. 过油时温度不宜过高。
3. 芡汁不宜过多。

特点 黑白两色，明亮，质地软嫩，口味鲜咸。

龙井竹荪汤

制作者：张云华

龙井竹荪汤，原是清朝宫廷名菜，辛亥革命后清宫御膳房解散，御厨便陆续进入北京市各家饭店，龙井竹荪汤就传到民间。随着清宫廷御厨进入仿膳饭庄，此菜便成为该店的上等名菜。

用竹荪制菜，在我国已有1000多年的历史。早在唐朝的《阳杂》和清代的《素食说略》中对竹荪的形态、产地、烹调、味道等都有详细记述。竹荪是一种食用菌，号称“菌中皇后”，一直是帝王御膳的用料。它肉质脆嫩爽口，滋味鲜美，再加上龙井茶的香味，香气更加浓郁。竹荪可以烹制多种菜肴，既可作主料，也可作配料，但以制汤最佳。

原料配方

主料 竹荪6个 龙井茶6克（装入纱布袋内）

配料 草鱼茸50克 蛋清2个

调料 盐1克 料酒4克 水淀粉20克 鸡汤200克 火腿末10克

制作方法

1. 竹荪发好洗净。鱼茸加入料酒、盐、蛋清、淀粉调匀成为鱼茸糊。龙井茶泡好。

2. 把竹荪里面酿入鱼茸糊，再放入火腿末，放入蒸锅蒸熟，取出，切成小段放在汤碗内，把泡好的龙井茶汁倒入即成。

制作关键

1. 鱼茸要细腻，调制时口味要掌握好。

2. 鱼茸、竹荪均系鲜嫩之物，蒸至时间不宜过长。

特点 形状美观，鲜嫩可口，清香扑鼻。

枸杞龙须

制作者：张云华

原料配方

主料 鳜鱼肉200克

配料 枸杞1克

调料 料酒4克 味精3克 豆瓣葱3克 姜汁5 蛋清1个 清汤20克 盐3克 淀粉15克 植物油50克

制作方法

1. 鱼去骨取肉，切成长6厘米左右的丝，加入盐、蛋清、淀粉上浆。香菜切成段状，用开水略烫。枸杞用开水略泡。

2. 碗里加入清汤、料酒、姜汁、豆瓣葱、盐、味精、水淀粉调成汁芡备用。

3. 炒勺内放入油，烧至两三成热时，放入浆好的鱼丝，滑至七八成熟时，倒入漏勺里控净油，再回勺翻炒两下，再倒入调好的芡汁一同翻炒，最后放入枸杞，淋上明油即成。

制作关键

1. 鱼丝要切的粗细均匀，长短一致。

2. 炒制时动作要轻。

3. 芡汁不可过多。

特点 鱼丝洁白，鲜嫩咸香。

五彩龙虾仔

制作者：张云华

此菜是由红、绿、黄、白、黑五种颜色的菜组成的一道组合菜，成菜色彩艳丽美观，以鲜虾仁为主料，虾仁喻于龙虾仔故名。

原料配方

主料　虾仁150克

配料　红绿青椒各5克　香菇15克　鲜蘑15克　胡萝卜5克

调料　料酒4克　姜汁5克　盐3克　味精3克　蛋清1个　淀粉15克　豆瓣葱5克　清汤20克　植物油50克

制作方法

1. 红绿青椒、香菇、胡萝卜、鲜蘑分别切成小菱形。

2. 虾仁去沙线用清水反复搓洗，泡白，切丁，拈干水分加上盐、蛋清、淀粉上浆。

3. 碗里加入清汤、料酒、姜汁、豆瓣葱、盐、味精、水淀粉调成汁芡备用。

4. 炒勺内放入油，烧至二三成热时，放入浆好的虾仁粒，滑至七八成熟时，放入香菇粒、彩椒粒、胡萝卜粒、鲜蘑粒，滑一下，一同倒入漏勺里控净油，回勺，翻炒两下，再倒入调好的欠汁，成为抱芡，颠翻几下，淋入明油，即可出勺盛放在盘里。

制作关键

1. 虾仁过油时间不宜过长。

2. 芡汁不能过浓。

特点　色彩艳丽美观，虾仁软嫩，咸香适口。

蟠龙鱼

北京宫廷传统名菜。传说此菜是三国时期东吴主公之妹孙尚香创制的，并一直在宫廷里流传。三国时期，东吴都督周瑜，深知蜀汉刘备乃是与孙仲谋争夺天下的劲敌，因而时时琢磨除掉他。为此，周瑜设下一计，假托将孙权的妹妹嫁与刘备，两家联亲结盟，共同对付曹操，骗请刘备来东吴相亲，以便伺机杀害。刘备系中山靖王之后，乃“龙种”之属，孙权的母亲不知周瑜居心不良，欣然同意了这门亲事。孙权之妹孙尚香虽然洞悉周瑜用心，但对刘备一见钟情，因而决定以身相许，弄假成真。刘备到东吴后，已知中了圈套，但由于重兵重重，难以逃出虎口，心中甚是焦躁。孙尚香唯恐刘备忧虑成疾，便亲手烹制了一道“蟠龙鱼”佳肴，借以暗示并宽慰刘备。其寓义是：夫君恰如蜷卧之蛟龙，勉从东吴只是暂时屈身，为妻与你同心同德委典之后定能大展宏图。刘备品尝此菜后，好像吃了定心丸，心里踏踏实实，甜甜蜜蜜。殊不知诸葛亮略施小计，已解了刘备东吴之危，并成全了刘备与尚香姻缘之美。“蟠龙鱼”这道菜也就在历代宫廷中一直流传。

原料配方

主料 大草鱼1尾（约1000克）

调料

香醋15克	盐4克	蒜8克	植物油120克
白糖50克	葱段20克	番茄酱10克	
料酒10克	姜片10克	干淀粉200克	

制作方法

1. 取大草鱼1条，洗净去骨取肉，在鱼肉两面剞菱形花刀，放入盘中加入精盐、料酒、葱段、姜片腌渍入味后沾上干淀粉。

2. 取一个碗放入盐、料酒、白糖、米醋，分成两碗，另一个碗放入番茄酱、料酒、白醋、糖、盐调匀。

3. 炒锅放火上，倒入油烧到五成热，将鱼放锅内炸至金黄色捞出盛入盘中。

4. 炒锅放火上，倒入油，放入葱姜蒜煸出香味后将碗汁倒入锅中，用水淀粉勾芡，淋入热油，迅速起锅浇在鱼的一面上，再把另一碗番茄酱汁也炒热勾芡淋油，浇在另一面上即可。

制作关键

1. 鱼要挑选新鲜的，没有冷冻过的最好。

2. 去骨后剞花刀时，刀口要均匀不可过密，腌制时间不宜过长。

3. 下锅炸鱼时，油温要略高一些，然后慢慢浸炸，鱼出锅时油温要高一些。

4. 炒汁时要注意掌握好糖、醋、盐的比例，不能大甜大酸，分两次放醋。

特点 红黄两色，甜酸适口，酥香。

金丝海龙蟹

制作者：何文清

此菜是北京老字号柳泉居饭庄“全蟹宴”的一道炸菜，20世纪90年代曾获得北京市优质品种奖。厨师行业中的老人常常把海蟹称之为海龙，“金丝海龙蟹”选料大个海蟹，海蟹切成块后，沾上干淀粉过油一炸，再配上用鸡蛋制成细如头发，色泽金黄的“金丝”，食用时蘸上特别制作的姜醋汁，味道令人陶醉。蟹肉鲜美，古人赞美的诗篇府拾皆是，李渔说：“蟹以鲜而肥，甘而腻，白似玉，黄似金，以造色、香、味三者之极，更无一物可以上之……”红楼梦里曾写道：“螯封嫩玉双双满，壳骨红脂块块香。”由此可见，由古至今蟹类菜肴深受食客的喜爱。

原料配方

主料 海螃蟹1000克 鸡蛋汁100克

调料 料酒10克 盐3克 味精3克 葱段25克 姜片10克 姜末5克 淀粉100克 醋25克 香油5克 植物油100克

制作方法

1. 海蟹洗净，去掉爪尖的前部分，去掉盖及不能食用的部分，用水冲干净，在爪与爪中间切下一刀，成为每一只爪带肉的块，放入器皿中，加入料酒、葱段、姜片、盐、味精略腌，然后捡出葱、姜，沾上干淀粉。
2. 鸡蛋液搅匀，用温油炸成金丝状，姜末加入醋、香油调成姜醋汁。
3. 炒勺内放入油，烧到三四成热时，把沾好淀粉的蟹块，放入油锅中，慢慢炸至成金黄色，见蟹肉已熟，即可倒入漏勺里，控净油，将蟹块整齐地摆放在盘中，再把炸好的金丝放在上面即成。

制作关键

1. 选用活的海蟹。
2. 切块时最好每块蟹肉上带一爪，使成菜造型美观。
3. 蟹块不宜过早沾上淀粉，以免过油后表面发生不光滑的现象。
4. 调制姜醋汁时要掌握好比例。

特点 菜形美观，色泽金黄，蟹肉酥香。食用时沾姜醋汁，别有风味。

四味龙利鱼

制作者：何文清

原料配方

龙利鱼200克
鸡蛋2个

料酒5克
葱段8克
姜4克
盐2克
味精2克
美极鲜4克
番茄酱（加白糖）10克
白糖6克
绿芥末1小袋
红辣椒油6克
淀粉50克
面粉100克
植物油60克

制作方法

1. 将龙利鱼肉改刀切成长6厘米、宽4厘米、厚0.3厘米的片，用料酒、盐、葱段、姜片腌至入味。

2. 鸡蛋加入淀粉、盐、面粉制成鸡蛋糊，搅匀待用。

3. 锅置火上加油，烧至四成热时将腌制好的龙利鱼片沾上面粉再挂上一层鸡蛋糊下油锅中炸至金黄色至熟捞出，沥油，改成条状，整齐地码在盘中。

4. 将辣椒油、绿芥末、美极鲜、番茄酱分别装在小碟中，食用时同龙利鱼一起上桌蘸食。

制作关键

1. 龙利鱼要选新鲜的，片切的不要过薄。腌制时注重葱香味，咸味不宜过重。

2. 鸡蛋糊调制时均匀适度，最好在糊里放入一点食油。

3. 过油时油温不可过凉以免出现脱糊现象。

4. 炸制时不宜时间过长，呈金黄色时即可。

5. 番茄酱、美极鲜、绿芥末、辣椒油四种调味品要准备齐全。

特点 色泽金黄，口感软嫩。食用时蘸多种调味品，别有风味。

扒酿乌龙

制作者：何文清

原料配方

主料 水发灰刺参10个

配料 鸡脯肉150克

调料 盐3克 姜汁15克 白糖5克 熟猪油25克 味精3克 料酒10克 水淀粉25克 葱姜油50克 葱末5克 蛋清2个 清汤400克 面粉50克

制作方法

1. 将发好的灰参洗净，挑选10个大小一样的，用开水焯一下，然后用清汤煨至入味，海参里面沾上面粉。鸡脯肉剁成茸，加入盐、葱末、姜汁、熟猪油、蛋清、料酒搅匀，酿在每个海参的肚膛里。

2. 将10个酿好的海参放到蒸锅里，蒸至鸡茸定型既可（时间不宜太长，以免鸡肉过老）。

3. 炒勺里放入油，烧热后，放入葱，炒至出香味时，放入酱油、料酒、姜汁、味精、白糖，清汤，烧开后放入海参，移至微火，煒至熟透入味，淋入水淀粉，见芡汁均匀地挂在海参上，即可淋入葱姜油，出勺整齐地放在盘中即成。

特点 色泽红润油亮，质地软嫩，口味鲜咸。

制作关键

1. 形体完整饱满、体壁厚实、糯滑而富有弹性的灰参为佳。发好的海参要洗净。

2. 鸡肉制馅时，要注意各调味料的投入量。酿入海参后，海参周边不要留下馅料，以防影响美观。

3. 在烧制要注意火候的掌握。

制作者：尤卫东

金盏飞龙

原料配方

飞龙肉150克
金盏盒1个

榨菜50克
腰果50克
青红椒粒各25克
香菜适量

豆瓣葱5克
姜汁5克
料酒4克
味精2克
白糖2克
香油3克
植物油30克

制作方法

1. 将飞龙去内脏，去骨，洗净切成块状。榨菜也切成略小于飞龙块的粒状，一同放入开水中焯透。腰果放入温油中炸熟控净油。

2. 炒勺里放入油烧热，先放入葱姜、飞龙煸炒，随炒随加料酒，再加入姜汁和榨菜粒、白糖，翻炒，待全部熟后放入味精，加入红绿青椒及香菜叶，淋入香油，装入金盏中，再放上腰果即成。

制作关键

1. 飞龙肉的骨头一定要去干净。

2. 选用榨菜时要注意咸度应选用口味轻一些的。

3. 金盏最好使用大梅花模，一定要烤制成呈金黄色。

特点 式样美观，鲜香微咸，肉质软嫩。

龙凤炒鲍丝

制作者：尤卫东

此菜是一道传统菜，用的主料是鲍鱼，再配以鳜鱼肉（喻于龙）和鸡（喻于凤）一同合炒，鲜香味浓郁。鲍鱼一般是干鲍鱼，按照老传统的做法，事先把干鲍鱼发制，发制时应用砂锅为佳，木炭火为佳，文火为宜，发制鲍鱼应严格掌握火候。此菜使用的是鲜鲍鱼。

原料配方

主料　鲜鲍鱼肉300克

配料　鲜鳜鱼肉100克　青笋20克　熟火腿丝10克　鸡脯肉100克　韭菜5克

调料　葱丝8克　味精3克　蛋清2个　清汤50克　姜丝10克　料酒12克　香油5克　植物油40克　盐4克　白糖3克　水淀粉30克

制作方法

1. 鲍鱼去壳洗净切成丝状。韭菜择好洗净切成小段。青笋去皮洗净切丝，放入开水中焯一下捞出沥干水分。

2. 鸡肉、鳜鱼肉分别切成丝状和鲍鱼丝分别加入盐、蛋清、淀粉调匀上浆。

3. 炒勺里放入油烧至二三成热，把鸡丝、鱼丝、鲍鱼丝分别过油，滑透，捞出控净油。

4. 炒勺里放入底油烧热，放入葱丝、姜丝，煸炒出香味时放入滑好的鸡鱼丝和鲍鱼丝，一同翻炒，随炒随加入料酒、盐、味精、白糖和少量的汤，放入青笋丝和韭菜，翻炒两下淋入水淀粉勾芡，淋入香油，出勺装盘撒上熟火腿丝即成。

制作关键

1. 几种丝切的不要过细。

2. 过油滑鱼丝时动作要轻，以免丝碎。

3. 最后烹炒时要一气呵成。

特点　汁芡明亮，色泽美观，鲜嫩咸香。

乌龙戏彩珠

此菜是根据我国著名古典文学《红楼梦》第五十三回书中所写的原料创制的菜肴。灰海参色泽乌黑，而形状又略似乌龙故名。

制作者：尤卫东

原料配方

主料 发好灰参600克

配料 鸡脯肉100克 鲜贝50克 火腿丝50克 鸡蛋皮丝50克 黄瓜皮丝 胡萝卜丝25克 熟猪油15克 清汤100克

调料 葱姜油50克 料酒12克 姜汁10克 糖2克 盐4克 味精3克 水淀粉50克

制作方法

1. 将发好的海参去掉内脏及杂质，用开水焯一下，再换清汤把海参放入，用小火煨透捞出沥干水分。

2. 鸡脯肉去筋膜洗净制成茸。鲜贝制成茸与鸡脯茸一起放在盆里，加入清汤、料酒、姜汁、味精、熟猪油、水淀粉调匀。海参放在炒勺里，加入清汤、料酒、味精、姜汁、盐，㸆至入味，取出切长条状放在盘中。鸡茸用手挤成小圆形再沾上火腿丝、蛋皮丝、胡萝卜丝，放入蒸锅中蒸熟，形成彩珠，取出放在盘中海参的四周。

3. 炒勺里放入清汤、盐、味精、姜汁调好口味烧开，淋入水淀粉勾芡，淋上葱姜油，淋在盘中的海参和彩球上即成。

制作关键

1. 鸡茸和其他几种茸一定要调匀。

2. 彩珠个头不宜过大，要均匀。

3. 最后芡汁要薄，要明亮。

特点 式样美观，芡汁明亮，软嫩鲜香。

制作者：尤卫东

芙蓉飞龙

原料配方

主料：飞龙肉200克　鳜鱼肉100克　虾肉50克　水发灰参100克

配料：彩椒粒5克　火腿粒5克

调料：鸡蛋清6个　豆瓣葱10克　姜汁8克　盐3克　味精2克　料酒20克　白糖2克　清汤50克　干淀粉15克　葱姜油10克

制作方法

1. 飞龙肉、鱼肉、虾肉、海参分别切成片状。

2. 飞龙片、鱼肉片、虾片分别加入蛋清、盐、淀粉调匀浆好，分别放入二三成热的油锅中滑透捞出控净油。海参片用开水焯一下。

3. 鸡蛋清加入盐、料酒、味精、水淀粉调成稠糊状，放入二三成热的油锅中过油，制成小圆饼状，捞出放入开水锅中略烫一下，捞出控净水，成为芙蓉片。

4. 炒勺里放入猪油，烧热放入葱姜煸炒后加入清汤、料酒、盐、味精、白糖烧开，打去浮沫放入海参片、鱼肉片、飞龙片、虾片和芙蓉片，待烧至入味后，淋入水淀粉勾芡，淋入葱油，盛出放上彩椒粒和火腿粒即成。

制作关键

1. 飞龙、海参、鱼肉、虾肉的片不宜过小，要大一些。

2. 鸡茸糊过油时要严格掌握火候，油温过低蛋清容易吸油，过高颜色容易变黄。

3. 勾芡时芡汁不宜过稠、过多，要薄汁亮芡。

特点　色泽洁白美观，质地滑嫩，咸鲜爽口。

制作者：尤卫东

太史龙羹

江太史霞公（南海十三郎之父），对于蛇餐最是讲究。如果事前不说明这是何物，吃者只觉鲜冶无伦，总不会联想起蛇来的。昔日只有粤人嗜蛇，北方人从不吃蛇。某次，秋风起，以江太史着名的蛇羹招待，而议员多数是外省人，江太史与其公子事前未明言乃飨以蛇羹，各议员且啖且连称精品，更赞为人间美食。吃喝完毕，江太史才含笑力言蛇之美味，为任何山珍海味所不及。众议员突闻所吃者乃蛇，立刻反胃，呕吐狼藉，其中一位议员更害怕得马上跑去就医，也颇见狼狈。

江太史啼笑皆非，亦明白了议员身娇肉贵，不可乱来。自此之后，他如果以蛇羹宴客，请柬上便写明了，使不吃蛇者知难而退。

原料配方

主料 青蛇肉250克

配料 熟鸡肉50克　发好白木耳25克　桂圆肉25克　熟火腿肉25克　甘蔗段50克　陈皮3克

调料 料酒5克　盐4克　水淀粉15克　植物油30克　葱段15克　姜汁6克　香油5克　姜片10克　味精3克　清汤200克

制作方法

1. 蛇肉洗净放在沙锅里加入清水、葱段、姜片、盐、味精、甘蔗段、桂圆肉、陈皮，煮开后打去浮沫，煮至能去骨捞出，将蛇肉撕成丝，把原汤滤清。鸡肉、火腿分别切成细丝。

2. 炒勺里放入底油烧热，放入葱姜煸炒出香味，放入蛇丝翻炒几下，放入原汤用中火煮制十分钟，放入鸡丝、料酒、盐、味精、姜汁，煮四五分钟淋入水淀粉勾芡，淋入香油盛出放熟火腿丝即成。

制作关键

1. 煮制蛇肉的时候要掌握好成熟度，不可过火。

2. 一定要用好汤。

3. 芡汁不可太浓。

特点 芡汁明亮，蛇肉鲜嫩，咸中带香。

龙穿衣

传说很早以前，洪湖水经常无端波浪滔天，渔民无法下湖，岸上又时常狂风大作，摧毁庄稼，农民无法耕种，闹得洪湖百姓长期不得安宁。在忍无可忍的情况下，经大家推举，有一不惧邪恶的渔民凭借自己良好的水性，决心下湖探看究竟。一天深夜，他操起锋利的钢叉，悄悄潜入湖底，见一卷缩身体正在呼呼酣睡的怪物。原来一向孽害民者正是此物，于是渔民乘其不备，用尽全力将钢叉刺向怪物脊背。怪物受此猛击，急欲伸展反扑时，第二叉又迅速刺向怪物头部，只听狮吼雷鸣一声咆哮，怪物劈浪跃出水面。伏在岸边舒牙露爪，奄奄气喘，渔民跟踪至岸边，乘其张口喘气时高举钢叉刺入怪物咽喉，立即一股鲜血喷向水面，把洪湖染成了半边红色，洪湖也因此得名。待湖水平静，旭日东升，岸上受害渔民赶来助威，看到怪物已死，勇士周身也被搠伤，鲜血溅满岸边草地，使正在成长的蘑菇野草，披上了一层鲜艳的光泽（现在洪湖边上红绿相映的红草和蘑菇，仍年年丛生）。在降伏了这似龙非龙、似鱼非鱼的水怪以后，为了解恨消灾，渔民们将其砍剁成块，剥皮去肉，卷成肉卷，用油炸来分食，并美其名曰“龙穿衣”。

此菜为湖北名菜。以鱼喻龙，故名。

制作者：尤卫东

原料配方

主料 鲜青鱼皮300克

配料 猪五花肉100克
猪瘦肉100克
发好虾子15克

调料 葱末6克　鸡蛋2个　淀粉50克　盐3克
姜末5克　味精3克　骨汤500克
料酒8克　面粉20克　胡椒粉5克

制作方法

1. 鱼皮洗净控干，切成长6厘米、宽4厘米的长方形片，加入料酒、盐略腌。

2. 瘦猪肉剁成末，猪五花肉切成米粒状。

3. 猪肉末加入一个鸡蛋、盐、料酒、味精、葱姜末、胡椒粉、虾子、淀粉调成馅，抹在鱼皮上面卷成圆筒状成鱼卷。

4. 鸡蛋加入盐、面粉、淀粉调成全蛋糊。

5. 炒勺里放入油烧至三四成热，把鱼卷沾上蛋糊放入油锅中炸成金黄色捞出，控净油。

6. 炒勺里放入猪五花肉粒煸炒，加入葱、姜略炒，放入汤，放入鱼卷、花生仁、盐煮开后打去浮沫，移至微火上将鱼卷放入烧至入味成熟，放入味精，淋入水淀粉勾芡，再淋入明油，放入胡椒粉盛入盘中即成。

制作关键

1. 鱼皮要选稍厚一些的，新鲜的。
2. 调制馅时要掌握好口味。
3. 炸鱼卷时间不宜过长。
4. 芡汁不宜过浓。

特点　色泽金黄，外酥里嫩，食之鱼有肉味，肉含鱼香。

龙眼鸽蛋汤

制作者：姜海涛

此菜是一道传统汤菜，用鸽蛋制成龙眼造型，汤鲜味美。鸽蛋早在几百年前就已出现在宴席上。清《随园食单》列“鸽条”专条，指出“煨鸽蛋法与煨鸡肾同，或煎食均可，加微醋即”。《调鼎集》收载鸽蛋品13款：“炖鸽蛋”“炒鸽蛋”“烧鸽蛋”等。近代宴席上鸽蛋仍为珍品之一，多煮熟去壳整用配菜。

原料配方

主料　鸽蛋12个　水发熟鱼肚条150克

配料　火腿肉丝25克　银耳25克　熟鸡肉丝25克　香菜叶　发好的香菇10个

调料　料酒8克　姜汁10克　盐3克　味精3克　胡椒粉1克　清汤400克

制作方法

1. 鸽蛋放入蒸锅里蒸熟备用。

2. 炒勺里放入汤加入熟鱼肚条，加入火腿丝、鸡肉丝，烧开打去浮沫，加入盐、料酒、姜汁、味精、胡椒粉调好口味，盛入汤盘内，再把蒸好的鸽蛋切成圆形，放入汤盘周围，上面放上香菇，再放入香菜点缀即成。

制作关键

1. 鸽子蛋蒸的时间不宜过长。

2. 香菇、熟鸡肉、火腿切的丝不宜过细。

3. 一定要用好清汤。

特点　成品形似龙眼，汤鲜味美。

制作者：尤卫东

山珍炖飞龙

原料配方

主料　飞龙2只（约700克）

配料　黄蘑50克　红蘑100克　牛肝菌50克

调料　盐6克　味精5克　葱段20克　姜片15克　料酒10克　胡椒粉5克　清汤1000克

制作方法

1. 将飞龙去毛，去内脏，去爪尖洗净后，用开水焯一下。
2. 黄蘑、红蘑、牛肝菌，分别去质老的部分洗干净，一同放入开水锅中焯一下。
3. 取一个大砂锅放入汤，加入飞龙及上述菌类和葱段、盐、料酒、姜片，先用大火烧开，再用小火炖制熟烂，加入味精、胡椒粉调好口味，捞出，捡去葱段、姜片，把几种山珍放在盘子里，上面放上飞龙即成。

制作关键

1. 各种蘑菇焯水时间不宜过长。
2. 炖制时汤要一次加足，中途不宜加汤，保持汤汁的原汁原味。
3. 掌握好炖制时的火候和时间。

特点　味香浓，口鲜咸。

制作者：尤卫东

据说乾隆第一次南巡时，有一天，他和贴身随从只顾往前赶路，不料到了一个前不靠村，后不着店的地方。眼看太阳就要落山了，乾隆急令随从快快寻找落脚之处。正在二人着急的时候，看见前面小河边上有一座小屋，门前坐着一位老太婆，乾隆便上前问道："老人家您好，请问附近有没有客栈。"老太婆看了他一眼见他们不像坏人回答说："附近没有客栈，看天色已晚，如果不嫌弃就在我家住一宿也行。"乾隆连声说："哪里，哪里，真是谢谢您老人家了。"老太婆把客人让进家里，并介绍给老伴，并招呼老伴准备饭菜。老伴就用刚刚从河里捞来的鳝鱼和虾作了几个菜端上桌。乾隆和随从已是饿得肚子咕咕直叫，见到热气腾腾喷香的鱼虾饭菜，便狼吞虎咽的吃起来，连声称赞："好香，好香"，一会就把菜吃光了。等到乾隆和随从全都吃饱喝足时，才想起问问吃的是什么菜，原来这只是一道用鳝鱼和虾做的菜，也没有什么名字，老汉见客人非常认真的样子就胡诌了一个名字叫"游龙戏金钱"，其实老汉是指鱼虾而言的。

乾隆回京后，不忘那道"游龙戏金钱"，并多次指派宫廷御膳厨师去南方学习，带回宫中并经常食用。所谓"游龙戏金钱"中的龙，实指鳝鱼，金钱实指虾饼。这道菜的最妙之处是两色两味，造型美观，又好看又好吃，所以保留至今。

游龙戏金钱

原料配方

主料 鳝鱼400克、虾仁100克

配料 猪五花肉100克、冬瓜100克、香菇5克、鸡蛋2个、火腿15克

调料 酱油5克、料酒25克、葱10克、姜汁10克、蒜片5克、盐2克、味精3克、白糖5克、香油5克、清汤50克、胡椒粉3克、醋2克、水淀粉30克、植物油30克

制作方法

1. 鳝鱼杀死洗净放入水锅里烫透，取出用竹刀取出鳝肉，用手撕成细条，洗净。虾仁洗净和肥猪五花肉一起剁成茸加入料酒、盐、味精、淀粉，调成馅。

2. 火腿切成丝，香菇切成细条，冬瓜切成4厘米的条状，葱姜切成丝，蒜切片。酱油、白糖、盐、醋、料酒、味精、淀粉和清汤调成碗芡汁。

3. 把调好的虾馅用手制成圆薄饼再放上用胡萝卜制成的金钱片，放入蒸锅蒸熟。

4. 炒勺里放入油烧至四成热，把鳝丝放入炸透捞出。勺内放入葱姜丝、蒜片炒出香味放入鳝丝、冬瓜条，一起翻炒，倒入调好的碗芡汁，见芡汁已熟，淋入香油和胡椒粉，出勺装入盘中，再把蒸好的虾饼金钱放在周围即成。

制作关键

1. 严格掌握煮鳝鱼的火候。
2. 蒸虾饼时火候不宜过大，以免蒸老。
3. 炒鳝鱼时要掌握好芡汁的浓度。

特点 鳝鱼滑嫩，口味咸鲜，明汁亮芡。

龙眼鲍鱼

原料配方

主料：发好鲍鱼3个

配料：鳜鱼肉50克、鸡胸肉100克、发好香菇50克、黄瓜片5克、红车厘子4个

调料：料酒5克、盐3克、味精3克、姜汁10克、鸡蛋清2个、葱姜油15克、水淀粉40克、清汤100克

制作方法

1. 鲍鱼切圆片，用清汤煨至入味，沾干水分平放在盘上。

2. 鱼肉、鸡胸肉用刀砸成茸状加盐、料酒、姜汁、蛋清、水淀粉调匀成鸡茸，香菇用模具刻成圆形，用好汤煨制入味。

3. 将鸡茸用手挤成小球放在盘中鲍鱼片的上面，在上面放上香菇片，放入蒸箱蒸熟后，上面放上黄瓜片和车厘子。

4. 炒勺里加入清汤，加入料酒、盐、味精、姜汁调好口味烧开，打去浮沫，淋入水淀粉勾芡，再淋上葱姜油，浇在盘中的鲍鱼上即成。

制作关键

1. 鱼肉和鸡肉的茸一定要细腻，蒸鸡茸时温度不能过高，时间不能过长以免肉质发老。

2. 香菇片不宜过大，需要与其他造型匹配。

3. 芡汁不宜过浓。

特点 形似龙眼，色泽明亮，口味香醇。

龙翔凤翅

制作者：尤卫东

此菜原是官府菜，后传入民间，又名“龙翼凤翅”，是一道传统吉祥菜。

原料配方

主料　发好鱼翅750克　鸡翅6只

配料　火腿15克　冬笋丝5克　香菇25克　小油菜芯20棵

调料　料酒25克　葱段25克　姜片20克　姜汁8克　味精5克　酱油3克　盐2克　白糖1克　葱姜油40克　清汤500克　水淀粉50克

制作方法

1. 鸡翅剔出大骨，洗净，抹上酱油，放入五六成热的油锅中炸成金黄色捞出，放在炒勺里加入汤、葱段、姜片、料酒、盐、味精炖熟后捞出放在碗里。

2. 鱼翅放在勺中加入清汤、料酒、味精、葱段、姜片、白糖、盐烧至入味，淋入水淀粉勾芡，放入葱姜油，盛放在一个平盘里。把碗里的鸡翅扣在鱼翅上面，周围放上炒好的油菜芯，再把火腿丝、香菇丝、放在鸡翅上面。

3. 炒勺里放入清汤，加盐、料酒、白糖、味精，烧开,淋入水淀粉勾芡，淋上葱姜油，浇在鸡翅上即成。

制作关键

1. 鸡翅最好选用大小基本一致的。

2. 鱼翅要事先用好汤、鸡、鸭、猪肘、猪肉煨制好。

3. 最后的芡汁不宜过浓，芡要亮。

特点　此菜是宴席上的一道大菜，成品软嫩鲜香，滑润适口。

龙井汆鸡丝

此菜是一道传统菜。据说20世纪30年代末，西安名医杨云安常去陕菜馆“福记”就餐，盛夏一天，在与厨师靳宣师傅闲谈中，提到如能用龙井茶做一道菜，既可佐餐，又可清暑，岂不妙哉。后经靳师傅多次尝试，终于创出此肴，盛行于市，经久不衰。

原料配方

主料　大鸡胸肉250克　龙井茶15克

调料　干淀粉10克　料酒5克　鸡蛋清1个　盐3克　清汤40克

制作方法

1. 鸡肉切成细丝洗净，加入盐、蛋清、淀粉上浆，放在二成热的油锅中滑一下捞出，再放入开水锅中焯一下至熟，捞出摆放在汤盘中的一边。

2. 龙井茶叶用开水冲泡，待茶叶展开时，去掉茶水把茶叶放在汤盘的另一边。

3. 汤勺里放入清汤，加入料酒、盐调好口味，一起倒入汤盘里即成。

制作关键

1. 鸡丝要切的细一些，过油和焯水时间不宜过长，以免质老。

2. 调制汤时要清淡，往汤盘里面倒入时最好不要冲散盘中的鸡丝和茶叶的形状。

特点　白绿相衬，清淡，汤鲜，茶香味浓。

凤肝鲟龙

制作者：尤卫东

原料配方

鲟鱼肉250克
鸡肝200克

油菜芯50克
熟鱼籽15克

料酒10克　盐3克　蛋清两个　胡椒粉3克
豆瓣葱8克　味精3克　水淀粉50克　香油3克
姜汁8克　蒜片5克　清汤50克　植物油40克

制作方法

1. 鲟鱼肉、鸡肝分别切成片，洗净加入盐、蛋清、淀粉调匀上浆。

2. 取一个碗放入汤、料酒、姜汁、盐、味精、胡椒粉、葱、蒜片和水淀粉调成碗芡汁。

3. 炒勺里放入油，烧至二三成热，把浆好的鱼片和鸡肝放入滑至断生，捞出控净油，连同油菜芯一同倒回炒勺里翻炒几下，倒入调好的芡汁，用大火急速翻炒至全部成熟，淋入香油盛入盘中，摆放整齐，下面放鸡肝，上面放鱼片，再放上油菜芯和熟鱼籽即成。

制作关键

1. 鲟鱼肉和鸡肝切的片要大小一致，不宜过薄，提前用清水多泡。

2. 过油时油温不宜过高。

3. 最后烹制时火要旺，动作要快，一气呵成。

特点　洁白明亮，软嫩鲜香。

制作者：尤卫东

龙须驼掌

此菜是北京著名的传统菜肴。

原料配方

主料：驼掌1个　鸡1只

配料：龙须菜300克　火腿片50克　猪五花肉200克　干贝25克

调料：酱油6克　姜片40克　白糖2克　苹果1个　胡椒粉10克　姜汁8克　水淀粉25克　清汤200克　葱段50克　大料10克　葱姜油10克　料酒100克　味精3克　葡萄干50克

制作方法

1. 驼掌用清水泡数小时刷洗干净去掉杂质，放入开水锅中煮1小时左右捞出，换清水，洗后再放入锅中，加入清汤、鸡、猪五花肉、火腿、葡萄干、苹果一同煮，直到驼掌能脱骨，把驼掌肉切成大片（可换汤多煮几遍，去掉腥骚味。）

2. 龙须菜择好，放入锅中，加入盐、清汤炒熟，摆放在盘中。

3. 炒勺里放入底油烧热，放入葱姜、大料煸炒，随炒随放入驼掌片翻炒，加入料酒、酱油、味精、胡椒粉炒十多分钟，捡出驼掌片，一片一片反摆在小碗里，加入清汤、料酒、葱段、姜片、味精、盐、干贝、火腿片，放入蒸锅蒸至熟，取出捡去葱姜，扣在盘里的熟龙须菜上。

4. 汤勺里放入清汤、酱油、味精、料酒烧开，淋入水淀粉勾成芡汁，淋入葱姜油，浇在盘子中的驼掌和龙须菜上即成。

制作关键

1. 驼掌一定要处理好，不能有异味，根据质量情况可以多煮几遍。

2. 蒸制驼掌时火候要旺，一定要蒸至熟烂。

3. 芡汁不宜过浓，要明亮。

特点　色泽红润油亮，驼掌软烂，龙须菜脆嫩。

豉汁盘龙鳝

制作者：尤卫东

此菜是在“清蒸白鳝”的基础上加以改进，使菜肴成形后形似一条盘龙卧在盘中。白鳝学名鳗鲡，属回游性鱼类。后周时期的诗人杨承禄有一天在河边散步，发现一个老渔翁在捕鱼时一次又一次将捕上的白鳝挑出来，再扔到河里去，他感到很困惑，于是就上前问老渔翁：“鱼是鱼，白鳝怎会不是鱼呢？”老渔翁道：“鱼是鱼，白鳝因皮滑泥味重，吃起来像吃土，故不要它。”

杨承禄便从老渔翁那里要了几条白鳝，回到家里，想起了老渔翁的说法，为去其劣，他独出心裁，对白鳝采用“抽其骨，剥其皮”的办法，再佐以香菇、冬笋等辅料，然后入锅清蒸，滋味醇厚，故风行于仕宦之家，号称“清蒸脱骨白鳝”。此后，此菜传到宫中御膳房，又加以改进流传至今。

原料配方

主料 白鳝鱼1条（约1000克）

配料 猪肥膘油200克

调料 葱段150克 姜片100克 料酒100克 盐5克 味精3克 葱丝15克 豉汁50克 胡椒粉5克 清汤100克 植物油30克

制作方法

1. 白鳝鱼杀好，去内脏洗净，在脊背处每隔1厘米切一刀，切过脊骨不要切断腹部，使呈竹节状，洗净沾干水分，用豉汁、盐、胡椒粉、熟猪肥膘油，味精、料酒在鱼刀口处反复搓至入味后，盘在盘中，放上葱姜，加入清汤，头部上昂形似蛇状，放入蒸锅中蒸熟取出，再换到另一个盘中，把葱丝放在鱼身上。

2. 炒勺里放入30克油，烧至八成热，淋在盘中的葱丝上即成。

制作关键

1. 白鳝鱼的初加工一定要处理好，刀口要均匀，深度要一致。

2. 腌制时间不要过长。

3. 蒸制时火候、时间要掌握好，以免蒸老。

特点 形似盘龙，软嫩鲜香。

凤尾龙潭沟玉牌

制作者：尤卫东

此菜是一道民间象形艺术菜。“龙潭”即泰山著名的黑龙潭。制作时取泰山豆腐、虾和鸡肉、猪肉加上调味品烹制而成。豆腐色泽洁白形似玉牌，故名。

原料配方

泰山豆腐200克
鲜虾尾8个

鸡脯肉100克
猪五花肉50克
发好银耳50克

盐4克　葱末5克　葱油5克　猪油10克
味精3克　姜末5克　水淀粉40克
料酒8克　蛋清2个　清汤50克

制作方法

1. 鸡脯肉洗净泡白，剁成茸。豆腐放入蒸锅蒸一下，去掉老皮，用刀抹成细泥。五花肉也切成茸，加入鸡茸、豆腐泥、盐、料酒、味精、蛋清调匀成为馅。

2. 虾去皮，留尾。银耳放入清汤中，加盐、味精煨熟透，摆放在盘中。

3. 取8个小汤匙，里面抹上猪油，再把馅料放上抹平，在匙把一边嵌上虾尾，使其形似凤尾，放入蒸锅蒸熟，从匙里取出，整齐地摆放在银耳周围。

4. 炒勺里放入清汤、料酒、盐，烧开打去浮沫，放入味精、葱油，淋上水淀粉勾成薄芡，浇在盘内的虾身上即成。

制作关键

1. 豆腐茸、鸡茸、肥膘肉茸一定要剁细，最好过一遍箩。

2. 调制三种茸时就把底口味掌握好。

3. 掌握好蒸制的火候。

4. 最好要用好清汤。

特点　鲜咸味浓，豆腐洁白软嫩，形象美观。

冬笋烧龙衣

制作者：姜海涛

此菜是用发好的鲨鱼皮和冬笋一起加入好汤烧制而成，成菜色泽红润油亮，咸香，鱼皮软糯，冬笋脆嫩，曾经是北京"柳泉居饭庄"高档宴席上的一道大菜。

原料配方

主料 发好鲨鱼皮300克

配料 冬笋50克　火腿20克　熟鱼籽10克

调料 豆瓣葱5克　姜末3克　料酒6克　盐1克　味精3克　白糖1克　水淀粉10克　清汤50克　葱姜油5克　植物油30克

制作方法

1. 发好鲨鱼皮洗净切成菱形片，放入开水锅中煮透捞出控净水分。冬笋切成片放入开水中焯一下。火腿切成小菱形片。

2. 炒勺里放入底油，烧热放入葱姜煸炒出香味后加入鱼皮、火腿片和冬笋一起炒，随即加入清汤、酱油、料酒、白糖、盐、味精调好颜色和味道，用大火烧开，小火煨至全部熟透，淋入水淀粉勾芡，淋入葱姜油出勺装盘，摆上熟鱼籽即成。

制作关键

1. 鱼皮一定要发透，去掉腥味，洗净。

2. 烧制时加调味品一定要去掉异味。

3. 芡汁不宜过浓。

特点 成菜色泽油亮，咸香，鱼皮软糯，冬笋脆嫩。

蜜汁龙眼

制作者：李扬

此菜是用莲子和红枣搭配烹制而成。菜肴成后泽美观，形似龙眼。长期食用对人体有一定的滋补作用。

原料配方

蜜汁龙眼视频

主料 干红枣250克
发好莲子150克

配料 糯米50克

调料 盐1克
白糖20克
水淀粉15克

制作方法

1. 干红枣用温水泡好，去掉枣核，洗净。莲子洗净酿入红枣里。糯米加水上蒸锅蒸熟。

2. 取一个碗，把酿入莲子的红枣莲子朝下整齐地摆放好，然后把蒸好的糯米饭放在枣上面，放入蒸锅蒸透取出，反扣在盘中取下碗。

3. 炒勺里放入清水，加入白糖烧开，加入盐，淋入水淀粉勾成薄芡，淋在盘中的红枣上，四周摆上装饰品即成。

制作关键

1. 红枣、莲子挑选时注意大小尽量一致。

2. 酿好的红枣摆放在碗里时要均匀，整齐。

3. 芡汁不可过稠。

特点 式样美观，形似龙眼，甜香软糯。

双龙过江

制作者：李扬

此菜的创意源于一则神话传说。唐代，长安城内有一卖卦先生袁宋诚，卦术极佳，能断定吉凶，知人生死。泾河龙王既不相信，也不服气，就变化成一个白衣秀士，造访袁宋诚。袁宋诚占卦断定，当日午间长安城内当降雨三尺三寸零四十八点，泾河龙王尚未得到天宫要他降水的指示，当然不信，双方就击掌为誓。谁知龙王刚回龙宫，天宫降雨令就到了，而且降雨量与袁先生测定的一样。龙王极爱面子，是个输不起的性子，就违规少下了三寸零八点雨。龙王偷工减料的事被天宫查得，认为龙王犯了天条，罪该处斩，就指令曹官魏徵于次日的午时三刻监斩。龙王赶忙向唐太宗求救，于是唐太宗第二天就邀魏徵入宫下棋，不放魏徵出去。午时三刻，魏徵忽然伏案而睡，不一会儿，一个血淋淋的龙头从天上落下，泾河龙王还是未能逃过这一劫。

魏徵梦斩泾河龙的故事，长期以来在民间广为流传，一些聪明的厨师据此创制了“白龙过江”这式菜肴，由于它确实滋味鲜美，又与神话故事相联系，一直流传于世，后来经厨师不断改进，鲫鱼改用大虾（因大虾在烹饪原料中俗称“龙”），更加受到了人们的广泛欢迎。

原料配方

主料　大虾2只　鸡肉150克

配料　火龙果1个

调料　豆瓣葱6克　姜汁5克　料酒6克　盐3克　味精2克　白糖10克　植物油30克　醋2克　奶汤200克

制作方法

1. 大虾去沙包、沙线，去须、爪，洗净。火龙果由中间切开掏空洗净。
2. 鸡肉切成丝，用开水焯熟，加入盐、味精拌匀，放在火龙果里。
3. 炒勺里入底油烧热，放入虾煎至变色。
4. 炒勺里放入油烧热，放入葱姜煸炒出香味，放入奶汤、盐、料酒、白糖、醋、味精烧开，放入煎好的虾煨至成熟，盛出放在鸡丝上面即成。

制作关键

1. 大虾要选新鲜的。
2. 煨制时要掌握好火候。
3. 煨制时要掌握好汤的用量，不宜过多。

特点　此菜是一道传统菜，式样美观，鲜甜咸香。

制作者：李杨

此菜为传统菜肴。菜的创意源于唐人小说《柳毅传》中的“龙女”。

龙女本为洞庭湖龙王之女，因好奇人间生活，出走龙宫，拜认人间一对老夫妇为再生父母，其不幸的悲剧是因“父母配嫁”和丈夫的虐待。在一次牧羊途中，龙女偶遇书生柳毅，龙女向其倾述自己的身世遭遇“悉以心诚之话倚托”，请柳毅传书龙宫，救其出水火之中，并告之进入龙宫的办法。柳毅动情地说：“闻子之说，气血俱动，恨无毛羽，不能奋飞。是何可否之谓乎？”。二人相别时柳毅说：“他日归洞庭，幸勿相避”，龙女的深情回答：“宁止不避，当如亲戚耳。”柳毅恪守向龙女许下的诺言，按照龙女提供的方法顺利进入龙宫。

后来，龙王钱塘几经跌宕，救回龙女。龙宫大摆筵席，广赠珍宝。在宴席间，钱塘君一阵心血来潮，要将龙女改嫁柳毅。其用心诚是美意，但语气带有逼婚的意味，柳毅厉言拒绝，当即辞别。柳毅回家后娶范阳卢氏之女，“视其妻，深觉类于龙女”。卢氏之女之解人意，以当地的金丝鲤鱼（龙女化身）作制“龙女斛珠”（珠即湘莲）菜肴，让柳毅吃菜思故人。“龙女斛珠”由此得名。

龙女斛珠

原料配方

主料　鲤鱼1条（约750克）
水发莲子100克

配料　猪五花肉100克
火腿肉50克

调料

葱段10克	盐3克	清汤300克
姜片8克	味精3克	鸡油15克
料酒10克	胡椒粉5克	枸杞10粒

制作方法

1. 将鲤鱼加工干净，在鱼身两面剞上十字花刀，搓上少量食盐水。猪五花肉切成梳子刀成片。火腿肉片薄片。莲子洗净放入蒸锅蒸透。

2. 将鲤鱼沾干水分用盐、葱段、姜片略腌，然后把莲子填入鱼腹中，填满为止，在十字刀交叉处各嵌一粒莲子，剩下的围绕鱼身一圈摆好，再把肥肉片、火腿片、葱姜放在上面，再放入清汤，上蒸锅蒸熟取出，捡出葱姜、肥肉片，撒上味精、胡椒粉，把鸡油烧热淋在鱼身上即成。

制作关键

1. 鲤鱼脊两侧肉内有肉筋两根，亦称“酸筋”，若不抽出，烹出之鱼既腥又酸。

2. 腌鱼的时间不宜过长。

3. 掌握好蒸鱼的时间和火候。

特点　清香淡雅，鱼肉鲜嫩，莲子糯香。食用时蘸姜醋汁，别有风味。

东壁龙珠

制作者：李扬

此菜是采用鲜龙眼加猪肉、虾肉、鸡蛋黄等原料炸制而成。特点是即有龙眼的甘甜，又有虾、猪肉的鲜香，皮酥馅腴，风味独特。

福建泉州开元寺内有一小寺古东壁寺，内有龙眼树为稀有品种，所结鲜果称为东壁龙眼，果壳呈花斑纹，壳薄核小，肉厚而脆，汁甘甜，味清香，此菜即采用东壁龙眼为主料制成，其形如珠故名。

原料配方

主料：东壁龙眼500克　炸鹊巢1个

猪五花肉100克　鲜虾肉100克　鸡蛋2个　发好香菇15克　去皮马蹄50克　油菜芯100克　面粉100克　植物油50克

调料：姜末5克　料酒6克　番茄酱50克　盐3克　白糖25克　味精2克　干淀粉50克

制作方法

1. 将猪肉、虾肉剁成茸。香菇、马蹄分别切成粒状，一起放在盆里加入盐、味精、淀粉、料酒调匀成馅，再揉成龙眼大小的丸子，放在盘里放入蒸锅中蒸熟。

2. 龙眼去壳、去核，再把蒸好的丸子分别装入果肉内。

3. 炒勺里放入油烧至三四成热，酿好的龙眼先沾上面粉，再沾蛋液，最后沾上干淀粉，放入油锅中炸成金黄色且外壳已酥，捞出控净油。

4. 炒勺里放入番茄酱略炒，加入水、盐、姜末、白糖烧开，淋入水淀粉勾芡，发黏后放入炸好的龙眼翻炒均匀，淋入明油，盛放在鹊巢盛器中，把炒好的油菜芯摆在周围即成。

制作关键

1. 龙眼要挑选大小均等的。虾肉、猪肉剁的茸要细一些，揉成的小丸子要均匀一致。

2. 面粉要均匀裹严。

3. 炸龙眼时要掌握好油温。

特点　色泽美观，皮酥馅嫩，味甘而鲜。

玉兔龙须

制作者：李扬

此菜是一道传统菜，是用鹌鹑蛋和水面筋烹制而成。

将面粉加入适量水、少许食盐，搅匀上劲，形成面团，稍后用清水反复搓洗，把面团中的淀粉和其他杂质全部洗掉，剩下的即是面筋。将洗好的面筋投入沸水锅内煮熟，即是“水面筋”。用手团成球形，投入热油锅内炸至金黄色捞出即成油面筋。据史料记载，面筋始创于我国南北朝时期，史书记载面筋为南朝梁武帝所创制，是素斋园中的奇葩，尤其是以面筋为主料的素仿荤菜肴，堪称中华美食一绝，历来深受人们的喜爱。到元代已大量生产面筋，在明代方以智的《物理小识》上就详细介绍了洗面筋的方法。清代面筋菜肴明显增多，花样不断翻新。此菜因水面筋切丝后制成菜肴似像“龙须”故名。

原料配方

主料 水面筋250克

配料 鹌鹑蛋10个

调料 料酒5克　姜汁5克　盐1克　白糖50克　白醋10克　水淀粉50克　番茄酱20克　油菜叶10片　植物油50克

制作方法

1. 面筋切成细丝，放入烧至三四成热的油锅里，炸至面筋丝酥脆金黄时捞出。鹌鹑蛋煮熟去皮，制成小白兔形。

2. 炒勺里放入少量的水，加入盐、料酒、白糖、醋、姜汁烧开，放入番茄酱调匀，淋入水淀粉勾芡，放入炸好的面筋丝，翻炒均匀盛入盘中，周围摆上油菜叶。

3. 把刻好的小兔放入蒸锅中蒸透取出，摆放在油菜叶上即成。

制作关键

1. 炸面筋时要注意火候，油温不能过低。

2. 面筋丝切的要均匀而细，但是不能太细，以免炸制时破碎。

3. 炒汁时要掌握好芡汁的浓度，不可过稠。

特点 式样美观，口味酸甜，入口即化。

制作者：李扬

扒扇面龙须

此菜成菜形似扇面故名。龙须菜又名石刁柏、露笋，属百合科冬属植物。多年生宿根草本，根肉质，春季地下茎上抽出嫩茎，经培土软化或不见光者奶白色，为白芦笋；不培土或给与光照者为绿色，为绿芦笋。后者较前者稍老。芦笋去皮和根部，用沸水烫即可用于烹调。在应用中既可作主料，也可作配料，适用于炒、熘、扒、烩等。芦笋吃口细嫩具特有清香。

原料配方

主料　鲜嫩龙须菜500克　熟鱼籽30克

调料　料酒3克　豆瓣葱5克　姜末5克　白糖1克　盐3克　奶油25克　火腿粒20克　清汤50克　水淀粉25克　植物油30克

制作方法

1. 鲜龙须菜洗净，去掉老根部分，放入开水锅中焯一下。

2. 炒勺里放入底油烧热，放入豆瓣葱、姜末煸炒出香味后放入焯好的龙须菜，摆成扇面形，加入盐、料酒、白糖、奶油、汤用文火㸆熟，淋入水淀粉勾芡，采用大翻勺技法翻个，整齐地盛在盘里，再把熟鱼籽摆放在四周，上面放上火腿粒即成。

制作关键

1. 龙须菜最好选用粗细长短一致的。

2. 㸆制时间不宜过长掌握好火候。

特点　形似扇面，脆嫩清香，鲜咸。

酸辣龙凤汤

此菜是一道传统菜。传说当年管仲完成了他的“官山海”大计，还带回来一个叫婧的姑娘，齐恒公与蔡姬乐不可支，蔡姬道：“管相国也该娶个夫人了。这婧姑娘可真有福利气，长得一定十分漂亮。”晚上，恒公给相国和婧姑娘接风。恒公一见婧姑娘美若天仙，心里忽生将其纳为己妾之念。在酒宴上，恒公频频抚摸姑娘的手，管仲和蔡姬看在眼里都心生不满。这时，还是蔡姬心眼多，她找了一个借口，去了一趟御膳房，和当时的主厨易牙耳语几句，就回到桌上。不久，宫中一侍女端上一盆汤，那汤闻着香，喝起来可要点功夫，唯恒公不明白，他舀了一勺就被呛着了，恒公哇啦哇啦地叫了起来：“传御厨，快传御厨，这汤怎么又辣又酸？”

主厨易牙立马一阵小跑，来到跟前，管仲和蔡姬都一致对此汤赞不绝口。蔡姬趁势说：“这世界上有的东西就是闻着香吃不得，就比如又酸又辣这道汤，你闻一闻就是了，但它不是你喝的。我们喝着就觉得香，你可别见什么都想贪。恒公是个聪明人，一听夫人的话，心里一下就明白“言外火之意”，立马改口道：朕今天给相国和婧姑娘接风，来日还要为你们主婚。接着他又问易牙：“这汤叫什么汤？”易牙脑子一转，答道：“此汤不但好喝，而且名也好，叫‘酸辣龙凤汤’。”

从此，“酸辣龙凤汤”一直流传至今。

原料配方

主料：熟鳝丝150克　熟鸡丝150克

配料：香菇丝25克　香菜末5克

调料：料酒6克　姜末4克　葱末5克　盐1克　酱油2克　味精3克　胡椒粉10克　水淀粉5克　香油5克　醋15克　清汤500克

制作方法

炒勺里放入底油烧热，放入葱姜末炝锅后放入熟鳝丝、熟鸡丝一同煸炒，随炒随加入香菇丝、清汤、料酒、盐、味精、胡椒粉和醋，最后淋入水淀粉勾芡，成稀粥状，淋入香油，放入香菜叶、香菇丝即成。

制作关键

1. 鳝鱼丝、鸡丝切的不要过粗，香菇丝一定要煨透后再切丝。
2. 一定要用好汤，味精不能多放。
3. 淋入水淀粉勾芡时不要反复搅动以免芡汁混浊。

特点　色泽微黄，酸辣适口，滋味鲜美。

龙眼虾片

制作者：李扬

原料配方

鲜虾肉200克
鸡茸100克

发好香菇50克
冬笋片50克
熟鱼子30克

葱段8克
姜汁6克
料酒6克
味精3克
白糖2克
蛋清2个
植物油30克
熟猪油20克
清汤50克
水淀粉100克

制作方法

1. 将鲜虾肉洗净在中间划一刀成为片，加入盐、蛋清、淀粉上浆，放入油锅中过下油，滑至七八成熟。冬笋、香菇分别切成圆片。鸡茸加入蛋清、料酒、盐、清汤、水淀粉顺时针搅匀成为鸡茸料，放入蒸锅中蒸熟，切成圆形，上面放上冬笋香菇片，再放上熟鱼子，呈龙眼状。

2. 炒勺里放入猪油，烧热加入葱姜炒出香味，加入滑好的虾片和冬笋片、香菇翻炒，随炒随加入料酒、白糖、汤，炒熟时淋入水淀粉勾芡，出勺摆放在盘子的中间，再把做好的“龙眼”放在周围。

3. 炒勺里放入汤，加入料酒、姜汁、盐、味精烧开后淋入水淀粉勾芡，浇在盘中的“龙眼”上即成。

制作关键

1. 鲜虾肉要浆好。

2. 蒸制鸡茸时不可时间过长，以免质老。

3.“龙眼”要摆放整齐使之更加形象。

特点 成品造型美观，软嫩咸香。

三色龙利鱼

制作者：姜海涛

原料配方

主料 龙利鱼肉250克

配料 发好香菇50克　冬笋30克　胡萝卜25克

调料 料酒6克　盐2克　姜末4克　葱5克　干辣椒3克　豆瓣辣酱5克　白糖2克　蒜片3克　鸡蛋清1个　干淀粉15克　清汤50克　醋5克　植物油35克

制作方法

1. 鱼肉洗净，切成丝状加入盐、蛋清、淀粉调匀浆好。香菇、冬笋、胡萝卜分别切成丝状，放入开水锅中焯一下。把浆好的鱼肉过油滑透。

2. 取一个碗里面放入清汤、料酒、白糖、盐、醋、水淀粉调成碗芡汁。

3. 炒锅里放入底油烧热，放入葱、姜末、辣酱、干辣椒、蒜片一同煸炒出香味后，放入过油后的鱼丝和香菇丝、冬笋丝、胡萝卜丝一同翻炒，随后倒入碗芡汁，用大火急速翻炒，至全部成熟，淋入明油出锅装盘即成。

制作关键

1. 选用新鲜鱼肉并且浆好。

2. 掌握过油的油温，不可过高。

3. 芡汁不要过多。

特点 式样美观，酸辣适口，肉鲜嫩。

拔丝龙眼

制作者：李杨

此菜是一道传统菜肴，是用龙眼肉经挂糊、炸、炒糖烹制而成。龙眼，鲜干品均可用，鲜龙眼肉多作热菜，一般做甜菜，可作主料，也可作配料，可用整料，还可切片，基本上适用于各种烹饪技法。

“拔丝技法”可以说是北京菜的独特技法，主要是使白糖变成玻璃体，糖只有处在玻璃体时才有可塑性，借外力可出现缕缕细丝，使糖从晶体状态形成玻璃体状态，主要依靠温度，也就是我们常说的行话“火候”。当把糖炒到玻璃体时（在炒勺里呈液体状）的糖温度在180~186℃，是放入原料的最佳时机（也是烹制拔丝菜肴的关键），如继续加温形成焦糖化，菜肴就失败了。由此可见炒糖“火候”的重要了，当然要想做好拔丝菜肴掌握火候只是一个方面，原料的选用，糊的调制，不同的原料采用不同的技法等，这里就不一一叙说了。

原料配方

 主料 龙眼肉300克

 调料 发面粉150克　淀粉25克　白糖75克　植物油75克

制作方法

1. 将龙眼肉沾上面粉备用。

2. 发面粉加水调匀，在使用前加入适量碱调成发面糊。

3. 炒勺里放入油烧至五六成热时，把沾好面的龙眼沾上发面糊，逐个放入油锅中慢慢炸至全部浮起，呈金黄色时捞出，控净油。勺内加入白糖和温水，慢慢熬炒，见白糖由稠变稀，由白色变成浅黄色时，放入炸好的龙眼，颠翻，见糖汁均匀地裹在龙眼上即可出勺放在盛器里。

制作关键

1. 龙眼大小要均匀。

2. 发面糊的浓度要调制合适，挂糊要均匀。

3. 过油炸时，油温不可过高，以免颜色过深。

4. 做拔丝菜时，要严格掌握火候，特别是炒糖时，火小出现翻砂现象，火大有糊苦味，不出丝。原料的选用不当、火候处理不符合要求，不容易挂匀糖汁，产生溜糖的现象，造成拔丝菜肴的失败。另外，拔丝的盛器事先最好抹上一层油，冬天要采取保温措施。上桌时要跟上一碗凉开水。

特点 色泽金黄，甜、脆、香，食用时蘸凉开水，别有风味，是龙宴中最后压桌大菜。

白龙臛

制作者：李扬

此菜是一道传统菜，主要是用鳜鱼肉配以其他辅料烹制而成。鳜鱼，因其主产于中国故又称“中华鱼”，它与“黄河鲤鱼”“松江鲈鱼”“兴凯湖大白鱼”并称为中国“四大淡水名鱼”。

鳜鱼入馔，凡烹调鱼品的方法，几乎均适用。做冷盘，可凉拌、熟炝、酥熗、油焖、酒糟、水晶等，既可作主料，也可作配料，适宜多种烹饪方法。鳜鱼取肉后可切成丁、条、丝、粒、末、茸等形态，适合多种刀工的美化，并适宜多种口味。制鱼糕后，有吃鱼不见鱼的感觉。

原料配方

主料 鳜鱼1条（约1000克）

配料 发好香菇丁50克 火腿丁25克 油菜芯14棵

调料 盐3克 料酒8克 味精3克 姜汁5克 酱油1克 蛋清1个 香油5克 清汤50克 胡椒粉5克 水淀粉50克

制作方法

1. 鳜鱼去骨，取肉洗净，切成0.6厘米左右见方的丁状，加入盐、蛋清、淀粉调匀上浆。把香菇丁、火腿丁、青豆分别用开水焯一下。

2. 炒勺里放入油烧至二三成热，把浆好的鱼丁过油滑透捞出控净油。

3. 炒勺里加入清汤，加入料酒、酱油、姜汁、盐、味精烧开打去浮沫，放入鱼丁、香菇丁、火腿丁、青豆烧开，淋入水淀粉勾芡，放入胡椒粉、香油盛入盘中，把炒熟的油菜芯摆在周围。

制作关键

1. 鱼肉丁切的不宜过大。
2. 鱼肉过油时掌握好油温。
3. 烩制时芡汁不宜过浓。

特点 此菜是一道烧菜，香鲜味浓，鱼肉软嫩。

龙凤双腿

制作者：王圣杰

此菜是一道民间传统菜，以虾、鸡为主料，虾喻龙，鸡喻凤，以示吉祥。百年来闻名遐迩，深受食客的喜爱。

原料配方

大虾肉300克
鸡脯肉300克

猪网油500克
鸡蛋2个

葱段15克
姜片10克
料酒10克
盐4克
味精3克
香油10克
面粉50克
植物油50克

制作方法

1. 鸡脯肉去掉杂质切成薄片，虾肉也切成同样大小的片但要厚一些，都放在盆里加入料酒、葱姜、味精、盐、香油略腌。

2. 猪网油切成长15厘米、宽10厘米的长方形片。面粉加水调成糊状抹在网油上面，放上鸡片和虾片，再放上一根鸡腿骨，从一边卷起，卷成鸡腿形，放在蒸锅里蒸熟取出。

3. 炒勺里放入油烧至四五成热，把蒸好的鸡腿放入炸成金黄色捞出，切成一字条摆放在盘里即成。

制作关键

1. 腌制鸡片和虾片时把底口掌握好。

2. 猪网油卷鸡片和虾片时要卷紧并且越形象越好。

3. 炸制时掌握好油。

特点 色泽金黄，质地酥香，形象鸡腿。

龙眼纸包鸡

制作者：王圣杰

原料配方

主料　大鸡脯肉500克

核桃仁100克
香菜100克
龙眼肉50克

葱姜末各20克　料酒8克　胡椒粉5克
盐3克　蛋清2个　植物油50克
味精2克　香油5克
白糖1克　干淀粉15克

制作方法

1. 核桃仁去皮用油炸后切成小粒，龙眼肉也切成小粒，鸡蛋清加入淀粉调成蛋清糊。

2. 鸡脯肉切成薄片加入盐、味精、白糖、胡椒粉、香油、葱姜末、核桃仁粒、龙眼肉粒略腌。

3. 把玻璃纸平放在案板上，先放上香菜叶，再把腌好的鸡肉裹上蛋清糊放在香菜上面，然后折成长方形包。

4. 炒勺里放入油烧至三四成热，把包好的鸡肉放入油锅中炸熟捞出装盘即成。

制作关键

1. 鸡片切的不宜过厚。

2. 蛋清糊不能调得过稠。

3. 炸时要掌握好油温。

特点　酥嫩鲜香。

制作者：王圣杰

炸龙凤托

原料配方

虾肉150克
鸡肉150克

咸面包1个
火腿肉50克
香菜叶适量

葱姜末各8克　盐2克　白胡椒粉2克
鸡蛋清1个　味精2克　水淀粉25克
料酒5克　香油10克　植物油75克

制作方法

1. 虾肉、鸡肉分别切成细丝，放入碗内加入葱姜末、料酒、鸡蛋清、白胡椒粉、香油、水淀粉调匀成为馅。面包切成长6厘米、宽3厘米、厚0.5厘米的片状。

2. 把调好的馅均匀地抹在面包上。火腿切成小菱形片和香菜一起摆在馅上呈小花卉形，即成为龙凤丝托。

3. 炒勺里放入油烧至三四成热，把龙凤托放入油锅内炸至金黄色已熟，捞出控净油，整齐地摆在盘里即成。

制作关键

1. 鸡和虾的丝切的不要过粗，要细一些。

2. 过油炸时掌握好油温。

特点　色泽金黄，香脆鲜嫩，食用时可蘸辣椒酱或果子酱，别有风味。

龙凤配

制作者：王圣杰

相传此菜起源于三国时期。刘备在东吴招亲后，偕同孙夫人回到荆州，当地父老摆下龙凤大宴。席间有道菜是将黄鳝比喻成金龙，将母鸡比喻成彩凤，组成吉祥如意图案，表达出老百姓的喜悦之情。后来这道菜流传到民间，被称作“龙凤配”，在婚酒席上沿用至今。

原料配方

主料　净鳝鱼肉300克　仔鸡1只

调料　葱段50克　豆瓣葱8克　蒜泥20克　卤汤1000克　清汤50克　姜片20克　料酒30克　盐1克　醋8克　酱油15克　白糖40克　水淀粉15克　植物油50克

制作方法

1. 鸡加工好放入开水锅中煮至七成熟，捞出放入卤汤锅中加入葱姜卤至入味成熟，捞出晾凉切成块，摆放在盘子的一边。

2. 取一个碗，里面放入酱油、醋、料酒、豆瓣葱、蒜泥、白糖和适量的清汤、水淀粉调匀成为芡汁。

3. 鳝鱼肉切成8厘米长、1厘米宽的长条状，洗净加入盐、淀粉、蛋清调匀上浆，放入五成热的油锅中炸成金黄色捞出，再把炸好的鳝鱼条放入炒勺里翻动几下，放入调好的碗芡汁，翻炒几下烹入醋，盛入盘中的一边。

制作关键

1. 鳝鱼要洗净，切的不宜过长。

2. 烧制时要注意调味料的投放顺序，最后放入醋。

特点　色泽金黄，鳝鱼外酥内嫩，甜酸味美，鸡肉鲜嫩，芳香扑鼻。

酿龙瓜

制作者 王至杰

原料配方

龙瓜（丝瓜）750克

虾仁丁25克　干贝丁10克
鸡肉丁25克　冬菇丁10克
鱼肉茸100克　火腿丁10克

盐4克　姜末5克　鸡油5克
味精3克　白糖2克　植物油30克
料酒8克　清汤50克
葱末5克　干淀粉10克

制作方法

1. 龙瓜去皮去蒂切成3厘米的段，去掉瓜瓤，里面抹上干淀粉。

2. 炒勺里放入底油烧热，放入葱姜末、虾仁丁、鸡肉丁、干贝丁、冬菇丁、火腿丁煸炒出香味，随炒随加入料酒、盐、白糖、味精和适量清汤，炒熟后放入淀粉勾芡使其成为熟馅料，盛出酿入丝瓜段内，再抹上一层鱼茸封口，上面再撒上火腿末和葱末，放入蒸锅内蒸熟取出，沥去汤水放入盘中。

3. 炒勺里放入清汤、盐、味精调好口味，放入水淀粉勾芡，淋在丝瓜上，再淋上鸡油即成。

制作关键

1. 选用的丝瓜不要过老。

2. 炒熟馅时要掌握好口味。

3. 最后勾芡时不宜过浓，要明亮。

特点　瓜段翠绿，瓜肉清嫩，肉茸醇香，原汁原味。

虾子龙爪笋

龙爪笋又称银条、蜀黍根、瓜龙等。夏末秋初之际，阴雨连天之时，高粱根侧部生出一窝窝须根，其芯像虬龙之爪。《植物名实图考》记载："不畏潦水所浸处，即生白根，摘而酱之，脆美绝伦。"北京、河北一带经常制成酱菜，称之为酱银条。现在这种原料市场基本绝迹，但技法和品种一直流传下来（本菜由冬笋代替）。

原料配方

主料 冬笋400克

配料 胡萝卜丝5克　虾子5克　香菇丝5克　鲜菊花瓣若干

调料 盐2克　料酒5克　植物油30克　味精1克　香油5克　葱姜末各5克　清汤100克

制作方法

1. 冬笋洗净，采用梳子刀技法切成梳子片形，放入开水中烫一会捞出，放入凉水盆内过凉，沥干水分。虾子用清水洗净加入清汤、葱、姜、料酒放入蒸锅中蒸透发好。胡萝卜丝用开水焯一下。

2. 炒勺里放入油烧热，放入虾子及葱姜煸炒，放入冬笋片用大火急速翻炒，随炒随放入料酒、盐、汤，放入胡萝卜丝、香菇丝，翻炒至熟，淋香油出勺装盘即成。

制作关键

1. 烫制冬笋时间不宜过长。

2. 泡发虾子时要去净杂质。

3. 胡萝卜丝、香菇丝不宜过多，在此菜里只起到配色的作用。

特点 色泽洁白，质脆，味清香。

龙凤腿

制作者：王圣杰

此菜是宫廷厨师阿坤在宫廷御膳房里为了生存所创制的一道佳肴。传说慈禧太后对饮食十分讲究，要是吃得不称心，就要发脾气。有一天，小太监端上了几道慈禧平时喜吃的大菜，她扫了一眼，鼻孔里“唔”了一声，手一摆说道：“又是老一套！”一句话吓得厨师心里直哆嗦，连忙重新作了几道湖广名菜端上去，可是她又一甩袖子说“端下去”，这可难坏了御膳房一班厨师，他们商量来商量去，也想不出什么名堂来。厨房里有一位姓王的厨师叫阿坤，他想，“鲜”字拆开是“鱼”和“羊”，何不用鱼和羊来试作一道新鲜菜呢？于是他就以鱼肉、羊肉为主，配上虾仁、香菇、冬笋和各种调料，拌和在一起，放在蒸锅里蒸透，然后用网油包成一只一只鸡腿形状，滚上一层馒头渣放入油锅中炸一下，再将其每一只的细头插上熟笋，乍一看，简直跟鸡腿一样。慈禧觉得这道菜的样子色泽金黄，食用时蘸花椒盐吃，不仅味道鲜美，脆中有柔，便亲自赐名“龙凤腿”。

后来，王阿坤告老还乡，又把这道菜传给一家菜馆，这家菜馆的老板为了招揽顾客，挂起了“慈禧御赐名菜龙凤腿”的牌子，又把此菜加以改进，把网油变成了油皮，更加深受食客喜爱。

原料配方

主料

虾仁150克
鳜鱼肉100克
羊肉100克

配料

香菇50克
冬笋50克
油皮4张

调料

料酒10克	味精3克	葱末6克	面粉50克
姜汁15克	鸡蛋1个	姜末4克	花椒盐30克
盐3克	面包渣150克	干淀粉50克	植物油60克

制作方法

1. 鱼肉、羊肉、虾仁、香菇分别切小粒状，加上料酒、姜汁、盐、鸡蛋、葱姜末、味精和淀粉调匀成为馅，放在盆里。冬笋切成条。

2. 油皮用水略泡，用干布沾干水分，切成三角形并蘸上面粉，再把调好的馅放在上面包成鸡腿形，做成10个，外面再蘸面包渣。

3. 炒勺里放入油烧至三四成热，把包好的鸡腿的细头插上冬笋条，放入油锅中炸透，成金黄色时捞出，控净油，摆放在盘里即成。食用时蘸花椒盐。

制作关键

1. 鱼肉、羊肉、虾仁、香菇切的不可过细。
2. 调制馅时要掌握好底口。
3. 包的鸡腿不可过大，要形似。
4. 过油时油温不能过低。

特点 色泽金黄，质地酥香，食用时蘸花椒盐。

翡翠龙豆

制作者：王圣杰

原料配方

 龙豆500克

 干木耳2克

 干辣椒15克　辣椒油3克　豆瓣辣酱10克　白糖3克　盐1克　味精1克　姜末3克　蒜片5克　豆瓣葱4克　水淀粉30克　植物油30克

制作方法

1. 龙豆洗净切成两段。木耳发好洗净。

2. 炒锅里放入底油烧热，放入葱、姜、蒜煸炒出香味后放入干辣椒、豆瓣辣酱一同煸炒，再放切好的龙豆，用大火急速翻炒，随炒随放入白糖、盐、味精和水，直至全部炒熟，淋入水淀粉，再淋入辣椒油，出锅装盘即成。

制作关键

1. 龙豆要挑选整齐新鲜的。

2. 烹炒时严格掌握火候，不可过火。

特点 色泽墨绿，口味清淡，咸中带辣。

芹仁龙须

制作者：王圣杰

芹仁龙须是一味采用滑炒方法烹制的宫廷菜肴，此菜主料选用鲜嫩的鱼肉切成丝，烹制后的鱼丝洁白细如龙须，故名。此菜虽为一般滑炒之肴，但也别具一格，芹菜要用芹菜芯经细加工使芹菜更为鲜嫩，配之滑好的鱼丝同炒，成熟后的菜肴，芹仁碧绿，鱼丝洁白，脆嫩结合风味极佳，入口清脆滑嫩，色泽素雅，清爽诱人，不愧为肴中一绝。

原料配方

主料 鳜鱼肉300克

配料 芹菜仁75克 红辣椒1克

调料 料酒10克 精盐2克 鸡蛋清1个 味精2克 白糖1克 淀粉15克 葱姜丝各4克 植物油50克

制作方法

1. 鳜鱼去内脏，去骨取肉切成细丝，用水泡好，加蛋清、盐、淀粉浆好。

2. 选择嫩芹菜芯，撕去筋，切成4厘米长的段，用开水烫一下，再用冷水过凉备用。

3. 把炒勺放在火上，烧热加植物油，待油热至三成时，将鱼丝下入勺中，用筷子划开、滑透，连油一起倒入漏勺内。

4. 炒勺内少留底油后放火上，下入葱姜丝略炒一下，下芹仁炒几下，再下入鱼丝，加入料酒一烹，加盐、姜汁、白糖、味精，炒至全部成熟，淋入明油出勺装盘即成。

制作关键

1. 鱼肉要新鲜。

2. 鱼丝不宜切的过细，否则易碎。

3. 芡汁不宜过多。

特点 清淡利落，鲜咸。

龙戏珠

制作者：王圣杰

在南京近郊六合县城南门外，有一个周长为九里十八步的“龙池”，池内草藻茂密，池水甜醇，相传六合本无龙池，有一上山砍柴的童养媳拣到了龙蛋，却被当地的一个恶霸将其劫去，藏在水中，谁知龙蛋遇水后变成一条小白龙，龙尾一搅，恶霸的房屋和园地，化成了一个大池塘，就是龙池。小白龙生活在池中觉得冷清，于是上天带来两条没有跳过龙门的鲤鱼，鲤鱼爱面子，就请小白龙把它们变成了鲫鱼，因为是鲤鱼变的，所以个头特别大，驰名中外的龙池鲫鱼便产自这里。

龙池鲫鱼的特点是体大头小，厚背小腹，头背皆乌黑色，腹部呈灰褐色，鳞细肉嫩，出肉率高，还有一个最显著的特点是，别处出产的鲫鱼越大越老，而龙池鲫鱼则越大越嫩，《随园食单》云：“六合龙池出者，越大越嫩，亦奇”。

原料配方

主料 鲜鲫鱼2条　鳜鱼肉200克

配料 熟火腿肉10克　豌豆苗10克　枸杞8粒

调料 奶油50克　味精5克　盐8克　料酒20克　葱段15克　姜片10克　葱姜米5克　清汤750克　胡椒粉5克　植物油75克

制作方法

1. 鲫鱼加工干净，在鱼身上切上一字花刀。火腿切成片状。

2. 鳜鱼肉剁成茸加入蛋清、料酒、葱姜米、味精调匀搅上劲，最后再放盐，放开水中汆成桂圆大小的鱼丸至熟。

3. 炒勺里放入油烧至四五成热，把鲫鱼放入煎至两面发黄，放入清汤、葱姜、料酒、盐、味精烧开打去沫，用中火把鱼煮熟捞出。

4. 把煮鱼的汤过滤一下，加入奶油，把煮好的鱼和鱼丸放入汤里，加入火腿片、枸杞子、豌豆苗随即装入汤碗，撒上胡椒粉即成。

制作关键

1. 最好选用已过僵尸期的鲫鱼。

2. 汆鱼丸的时间不宜过长，要保持鱼丸的嫩度。

3. 鱼汤一定要过滤，只留净汤放入汤古中。

特点 汤色乳白，味浓，肉质鲜嫩，鱼圆爽滑。

翡翠龙裙边

制作者：陈衍文

此菜是根据北京传统菜“红烧裙边”在原料上加上油菜采用异类嫁接法创新而来，特别是在用料上采用高档的干裙边经发制后再进行烹调，在制作中工艺精细，荤素搭配，成形后菜芯碧绿，形似翡翠，裙边软烂，式样美观，口味咸淡适中，充分体现了北京菜的特点。

原料配方

主料 水发裙边300克

配料 发好的熟蟹黄15克 油菜20棵

调料 料酒10克 葱段50克 姜片30克 姜汁8克 味精3克 白糖2克 盐3克 淀粉15克 清汤500克 葱姜油5克

制作方法

1. 发好的裙边洗净，放在勺里加入葱段、姜片、清汤烧开，放入料酒煨至入味捞出。

2. 油菜择好用开水焯熟，调好口味放在盘里。发好裙边洗净，用开水焯一下，剞上梳子花刀，再切成块，放入勺中加入汤、料酒、盐、姜汁、味精煨熟至入味，去掉原汤，整齐地摆放在油菜上。

3. 清汤放在炒勺里烧开，加入料酒、盐、姜汁、白糖、味精烧开，打去浮沫，调好口味，淋入淀粉勾芡，淋上葱姜油，浇在盘中的裙边上，再放入调好味的蟹黄即成。

制作关键

1. 裙边要发透煨至入味。

2. 勾芡时宜用旺火，不可过多搅拌，以免芡汁发生混浊现象。

特点 样式美观，裙边松软，鲜咸味美。

酥炸小银龙

制作者：陈衍文

银鱼烹制菜肴早在晋代就有记载，到了清代又有了很大发展。《帝京岁时纪胜》则记述了北京有“小葱炒面条鱼”；《随园食单》则记载了烹调银鱼的几种方法。到了近代特别是太湖鱼以它的“肉质细嫩，既无鱼刺又无腥味”的独特特点，不仅国内闻名，还大量出口海外。银鱼出水即死，过去都用干品，经泡发后再烹调菜肴，现在一般都用冰鲜品。此菜是用银鱼和蛋糊炸制而成，成品微黄酥香，是一道佐酒佳肴。因小银鱼俗称小银龙故名。此菜是龙宴上的一道炸菜。

原料配方

主料 鲜银鱼200克

葱段8克　姜片6克　料酒5克　盐2克　姜汁5克　味精2克　干淀粉75克　花椒盐20克　面粉50克　植物油50克

制作方法

1. 面粉加入水、盐、料酒、味精搅匀制成面糊。

2. 鲜银鱼洗净，用干布沾干水分，放上葱段、姜片，盐略腌，再蘸上面粉。

3. 炒勺里放入油烧至二三成热，把蘸好面粉的银鱼再蘸上面糊过油炸至金黄色时捞出，控净油摆放在盘中即成。

4. 食用时沾花椒盐。

制作关键

1. 银鱼洗净后水分一定要蘸干。

2. 调制面糊时，要注意浓度，太稀易脱糊，太稠不易挂均匀。

3. 炸银鱼时油温不可过低，以免吸油，影响口感。

特点　色泽金黄，质地酥香，食用时蘸花椒盐，别有风味。

龙泉香菇

制作者：陈衍文

原料配方

主料　发好香菇300克

调料　盐2克　姜片6克　植物油30克　白糖25克　味精3克　葱段10克　清汤150克

制作方法

1. 香菇发好后，放入开水锅中氽一下捞出。

2. 炒勺里放入底油烧热，放入葱段、姜片煸炒一下，加入清汤、盐、白糖烧开，放入香菇，用微火将香菇煒熟透，加入味精，出勺装盘即成。

制作关键

1. 香菇要用清汤微火煒透。
2. 最后要把汤汁全部收净。

特点　色泽黑亮，甜中带咸。

浙江丽水的龙泉是香菇发源地之一，自然条件十分优越，所产椴木香菇、代料香菇质地优厚，菇形圆整，色泽纯正，香气浓郁，味道鲜美，深受人们的欢迎。

传说古时，龙泉东乡龙岩村，有户人家，兄弟三人靠烧炭度日。一天，老三吴昱挑着两大篓炭下山来，忽见一白发老女牵着一个三四岁的孩儿站在路边，那孩儿正在哭闹着。吴昱问老妇何因，老妇哽咽着说，家中五口，贫病交迫，死去三个，只留下祖孙二人，今日想去邻村借点粮食度日。孩子肚饥，见了这树上的桃子，馋了，想吃，又摘不来。吴昱见路边一棵桃树结着累累桃子，下面是深不可测的龙潭。心想，这一老一小怎能摘到这桃子呢？孩子却还是哭着要吃桃子！吴昱忙将炭担放下，走到老妇跟前，抚摸着孩子的头说："别哭！阿叔替你去摘。"说着就往树上爬，刚伸手去摘时，"哗"的一声，树枝折断，吴昱跌落深潭……。说也奇怪，吴昱沉入潭底，只见左侧一扇月洞门蓦地敞开，往内走，忽见彩亭水榭并列，曲槛长廊回环，别具洞天。吴昱正目不暇接时，一老妪鬃发如霜，手持龙头拐杖，迎面走来，笑着说："吴昱，你为人善良，又能急人之困，排人之难，美德可嘉。我是黎山老母，适才路边的老妇，就是我。"边说边用手掌在拐杖上拍了几下，霎时，杖上长出一朵褐色鲜蕈，香醇之气扑鼻而来。吴昱忙跪下连连叩头："敢问仙母，此是何物？"黎山老母说："此物叫香菇，食后长生不老。我可传教你种菇之法。"

吴昱得到黎山老母点化，回到家中转告老大、老二，然后将种菇的方法点教全村父老，菇业大兴。可是有一年，所有菇树都不出菇，大伙心焦如焚。吴昱忽然想起黎山老用手拍打拐杖出菇之事，便脱下草鞋，在菇树上拍打一阵。真怪，第三天，那拍打过的菇树竟长出密针针的香菇来。接着吴昱和大伙把满山的菇树都拍打一遍，不几天，所有菇树都长满了菇。从此，菇民尊吴昱为香菇神，因他排行老三，故称他为吴三公。吴昱的这个拍击菇木催菇法，至今还沿用。由于他也是一位穷苦山民，曾被财主欺压而流落在深山老林中，以打野猪，挖食菌类过生活。他发现用砍过的树段刀口上，香菇长得特别旺盛，就每年冬春砍花，等菇生长这就是流传数百年的老法种菇——"砍花树"的雏形。

红烧乌龙

制作者：陈衍文

红烧乌龙（因海参俗称乌龙故名）是清末慈禧喜食的一味佳肴，此菜主料选用海参为主料，在烹制上以火攻为胜，煨烧得当，烹制后的海参软糯而适口，滋味醇正而鲜美，是一道营养丰富之美馐。

此菜是老北京人喜食的一道海味菜，干海参需先行涨发后再烹制菜肴。海参以其肉质细嫩，富有弹性，爽利滑润的滋感取胜，此菜成熟后色泽红润油亮，海参鲜咸软嫩，特别适合老年人食用。

原料配方

主料 发好灰参400克

调料 酱油5克 姜汁5克 葱姜油15克 料酒15克 味精3克 清汤250克 白糖3克 水淀粉20克 熟猪油40克

制作方法

1. 发好海参去掉内脏洗净，在膛里面剞上花刀，放在开水锅中焯一下捞出。

2. 炒勺里放入熟猪油烧热，加入清汤、酱油、料酒、姜汁、白糖、味精烧开打去浮沫，放入焯好的海参，用旺火烧开，改用小火烧制入味，用淀粉勾芡，再淋入葱姜油出勺装盘即成。

制作关键

1. 海参一定要洗净，特别是两端。

2. 勾芡时最好采用淋芡法。

特点 色泽红润油亮，鲜咸适口，海参软糯适口。

第二部分 冷菜

制作者：刘秋广

水晶皇龙仔

原料配方

鲜虾仁200克

猪肉皮500克
红绿彩椒10克

葱段15克　盐1克　香油5克
姜片10克　美极鲜酱油4克
料酒6克　醋5克

制作方法

1. 猪肉皮洗净，放入开水锅中煮一下捞出，用刀刮去油脂，切成条状，放在盆里加入水、料酒、葱姜，放入蒸锅蒸至肉皮软烂、汤汁发黏取出肉皮及杂质，把汤过细箩备用。

2. 虾仁去脊背沙线洗净，放入开水锅中加入盐、料酒、葱姜焯熟，捞出摆放在一个小碗里，晾凉，倒入肉皮黏汁放入冰箱，待其凝固扣入盘中。

3. 美极鲜酱油、醋、香油调匀成为三合油，一同上桌。

特点　亮如水晶，虾仁鲜嫩清淡。食用时蘸三合油，是夏季佳美冷肴。

如意龙卷

制作者：刘秋广

原料配方

主料 鳜鱼肉250克 猪肥肉100克

鸡蛋5个

料酒6克	盐2克	面粉50克
葱末5克	味精2克	干淀粉20克
姜末4克	胡椒粉2克	香油5克

制作方法

1. 鳜鱼肉、猪肉分别剁成茸混合搅拌，加入葱姜末、料酒、盐、味精、胡椒粉、鸡蛋清、淀粉、香油调匀成为鱼茸馅。

2. 鸡蛋黄加入盐、淀粉，放入炒勺里摊成蛋皮。面粉加水调成面糊。

3. 把蛋皮切成长方形，上面抹上面糊再放上鱼茸馅，然后从两边向中间卷起，卷至中间用面糊封住中间的缝隙，即成如意卷，放入蒸箱里，用中火小气蒸熟，晾凉。

4. 把蒸好的如意卷切成薄片，整齐地摆放在盘里，四角摆上青椒点缀。

特点 黄白相间，清雅素淡，口味鲜嫩。

炝爆龙尾虾

制作者：刘秋广

原料配方

主料 鲜虾500克

调料 盐3克　料酒6克　味精2克　植物油50克　葱丝5克　姜丝3克　醋2克　白糖25克　清汤200克　蛋皮丝5克

制作方法

1. 鲜虾去掉头和壳留尾，洗净放在盆里加入料酒、盐略腌。

2. 炒勺里放入油烧热，放入鲜虾煎至两面发红捞出。

3. 炒勺里放入底油烧热，放入葱姜丝煸炒出香味后，放入清汤、料酒、盐、白糖、醋烧开，略开一会放入煎好的虾用大火烧开，放入味精小火焖至成熟，捞出放盆里，再把勺里的汤汁熬粘淋在盆里的虾上，晾凉，整齐地摆放在盘里，放上蛋皮丝即成。

特点 式样美观，色泽红润油亮，咸中带甜，是龙宴上一道不可缺少的凉菜。

龙仔冬笋

制作者：刘秋广

原料配方

主料 罐头冬笋300克

配料 虾仔15克

调料 盐3克　葱丝5克　香油5克　料酒5克　姜丝3克　清汤500克　味精2克　白糖25克　植物油50克

制作方法

1. 冬笋洗净，去掉老的部分，切梳子花刀。虾子用水泡发好，去掉水，加入清汤、料酒、葱姜，上蒸锅蒸一下，去净杂质。

2. 炒勺里放入油烧热，把冬笋炸一下，捞出沥净油。

3. 炒勺里放入底油烧热，放入葱姜丝煸炒出香味后，再放入虾子稍炒一下，烹入料酒，加入清汤、料酒、盐、白糖、味精和冬笋烧开，小火煨至入味成熟，捞出放盆里，再把勺里的原汁淋在冬笋上，晾凉装入盘里即成。

特点　冬笋乳白，虾子发红，咸鲜脆爽。

椒油龙须菜

制作者：刘秋广

原料配方

主料 鲜龙须菜300克

调料 盐3克、味精2克、白糖1克、葱段10克、姜片6克、香油5克、花椒粒6粒

制作方法

1. 龙须菜去掉质地发老的部分，洗净放入开水锅中焯透，捞出沥净水，晾凉放在盆里。
2. 炒勺里放入香油烧热，放入花椒粒、葱段、姜片慢慢浸炸制成花椒油（捞出葱、姜、花椒不要）。
3. 盆里的龙须菜，加入盐、味精，再倒入花椒油拌匀，然后改刀装盘即成。

特点 咸鲜脆爽，麻香突出。

原料配方

 黄瓜300克

 盐3克　味精2克　白糖20克　葱丝5克　姜丝4克　香油3克　干辣椒20克　醋3克

制作方法

1. 黄瓜洗净，切蓑衣花刀，放在盆里撒上盐腌出部分水分。干辣椒用开水泡透去籽切成细丝。

2. 炒勺里放入香油，下入葱姜丝、辣椒丝煸出香味，加入适量水、白糖、盐和醋炒至发黏，倒入盆里腌好的黄瓜上，盖上盖，晾凉再拌匀即成。

特点 碧绿光亮，酸甜脆爽，略带辣味。

原料配方

 火龙果250克

 猕猴桃丁15克
银耳10克

 盐1克
白糖40克
蜂蜜5克

制作方法

1. 火龙果切成方丁，银耳发好，连同猕猴桃一起放在盆里。

2. 炒勺里放入清水加入盐、白糖、蜂蜜烧开，见糖发稠倒入装有火龙果、猕猴桃、银耳的盆里晾凉，拌匀即成。

特点 色彩美观，口味甜香，是龙宴上一道不可缺少的甜菜。

油焖小银龙

制作者：刘秋广

原料配方

银鱼250克

冬笋50克

盐2克　植物油30克　姜丝4克　汤250克　味精2克　白糖40克　香油3克　料酒5克　葱丝5克　番茄酱50克

制作方法

1. 银鱼加工好洗净。冬笋切成银鱼粗细的细条状，放入开水锅中焯一下。

2. 炒勺里放入底油，烧热放入葱姜丝煸炒，出香味放入银鱼一同翻炒，随炒随放入冬笋条、清汤、盐、料酒、白糖、番茄酱烧开，改小火把银鱼焖熟捞出放盆里。

3. 把勺里余下的汤汁熬黏倒入盛鱼的盆里拌匀晾凉即成。

特点　色泽红润油亮，肉质鲜嫩，口味咸甜。

辣油龙豆

制作者：刘秋广

原料配方

主料　鲜龙豆300克

调料　盐3克　葱段10克　干辣椒20克　味精2克　姜片6克　白糖3克　香油20克

制作方法

1. 龙豆洗净，放入开水锅中焯透，捞出沥净水，晾凉，放在盆里。
2. 炒勺里放入香油烧热，放入干辣椒、葱段、姜片煸炒出香味（捞出葱、姜、辣椒不要），倒入盆里。
3. 加入盐、味精，拌匀，然后改刀装盘即成。

特点　咸鲜微辣。

黄金龙片

制作者：刘秋广

原料配方

主料	配料	调料			
鳜鱼肉250克	鸡蛋黄4个	料酒6克	盐2克	面粉15克	植物油50克
		葱末5克	味精2克	干淀粉40克	
		姜末4克	胡椒粉2克	清汤100克	

制作方法

1. 鳜鱼肉切成长4厘米、宽3厘米、厚5毫米的长方形片，加入葱姜末、料酒、盐、味精、胡椒粉略腌。
2. 鸡蛋黄加入盐、淀粉调成蛋黄糊。
3. 炒勺里放入油烧至二三成热，腌好的鱼片先蘸上面粉，再蘸上蛋糊，放入油锅中炸成金黄色捞出控净油。
4. 炒勺里放入底油烧热，放入葱姜末炒出香味，放入汤、盐、料酒、味精烧开，放入鱼片煨至全部成熟，捞出控净汤水，晾凉切成一字条整齐地摆放在盘里即成。

特点 色泽金黄，软嫩鲜香。

扇面龙须

制作者：刘秋广

原料配方

主料 鲜嫩龙须菜500克

调料 料酒3克　白糖1克　植物油30克　豆瓣葱5克　盐3克　姜末5克　清汤200克

制作方法

1. 鲜龙须菜洗净，去掉老根部分，放入开水锅中焯一下。

2. 炒勺里放入底油烧热，放入豆瓣葱、姜末煸炒出香味，放入焯好的龙须菜，加入盐、料酒、白糖、汤，用文火㸆熟入味，捞出控净汤水，整齐地摆成扇面形即成。

特点　清淡素雅，口味咸鲜。

原料配方

主料 大虾4只

配料 黄瓜10克 黄蛋皮25克

调料 盐3克 料酒6克 味精2克 植物油30克 葱丝5克 姜丝3克 醋2克 白糖25克 清汤200克

制作方法

1. 大虾去掉头、沙线和虾尾，洗净放在盆里加入料酒、盐略腌。黄瓜切成灯笼座形。蛋皮切成灯笼穗形。

2. 炒勺里放入油烧热，放入大虾煎至发红捞出。

3. 炒勺里放入底油烧热，放入葱姜丝煸炒出香味后，放入清汤、料酒、盐、白糖、醋、烧开，略开一会放入煎好的虾，用大火烧开，放入味精小火焖至成熟，捞出控净汤水，晾凉，用刀由每个虾的背部切开成两片，摆放盘里呈灯笼形，再摆上黄瓜和蛋皮穗，勺里的汤汁淋在盘里的虾上即成。

特点 式样美观，色泽红润油亮，咸中带甜，是龙宴上一道不可缺少的凉菜。

龙须黄瓜

制作者：刘秋广

原料配方

主料 鳜鱼250克

 黄瓜50克

 酱油5克 醋2克 葱丝5克 香油5克

制作方法

1. 鳜鱼肉切成6厘米长的细丝，洗净泡白，放入开水中焯透取出晾凉。
2. 酱油、香油、醋调匀成为三合油。
3. 黄瓜洗净切成细丝摆放在盘中，再把鱼丝放在黄瓜丝上即成。

特点 清淡素雅，食用时放入三合油拌匀。

龙仔青韭

制作者：刘秋广

原料配方

主料 海米50克

配料 青韭150克

调料 盐3克　料酒4克　味精2克　胡椒粉1克　醋2克　香油40克　葱丝5克　花椒10粒　清汤50克

制作方法

1. 青韭去根，洗净切成小段，略烫一下。
2. 海米用水发好捞出，去掉杂质，加入清汤、料酒放入蒸箱蒸透，去掉水分。
3. 炒勺里放入香油烧热，放入花椒炸成深色发黑捞出，成花椒油。
4. 把青韭和海米放在盆里加入盐、味精、胡椒粉、葱丝、花椒油拌均匀盛入盘中，点缀橘子瓣即成。

特点 清淡、咸鲜。

莲花龙卷

制作者：刘秋广

原料配方

主料 鳜鱼肉250克

配料 黄瓜200克　冬笋30克　发好香菇25克　胡萝卜25克

调料 料酒3克　葱5克　白糖2克　清汤500克　盐2克　干辣椒3克　味精2克　植物油30克　姜末4克　辣酱3克　醋5克

制作方法

1. 鱼肉洗净，切成细丝，加入盐、料酒略腌后放入清汤中焯熟。香菇、冬笋、胡萝卜分别切成丝状，放入开水锅中焯一下。把焯好的香菇丝、冬笋丝、胡萝卜丝和鱼丝加入盐、味精，拌匀。

2. 黄瓜洗净，切成长段，放入盆里放入盐腌2～3小时，腌出水分，用清水泡去咸味，采用旋刀法把每段黄瓜旋成整片并去掉瓜瓤，把拌好的鱼丝、香菇丝、胡萝卜丝、冬笋丝整齐地摆放在黄瓜片上卷成卷摆放盆里。

3. 炒锅里放入底油烧热，放入葱、姜末、辣酱、干辣椒、白糖、味精、醋，煸炒出香味后倒入放黄瓜卷的盆里，腌至黄瓜卷入味，再将黄瓜卷切成小菱形段呈莲花瓣形，整齐地摆放在盘里即成。

特点 酸辣适口，脆嫩。

五香龙利鱼

制作者：刘秋广

原料配方

主料　龙利鱼肉300克

调料			
葱段25克	白糖40克	蒜茸5克	醋2克
姜片15克	盐3克	干淀粉15克	植物油50克
料酒6克	大料4瓣	番茄酱50克	

制作方法

1. 鱼肉切成长6厘米左右的细条，放入盆里加入葱姜、料酒、盐略腌。

2. 炒勺里放入油烧至三四成热，鱼条蘸上干淀粉放入油锅中炸成金黄色捞出控去油。

3. 炒勺里放入底油烧热，放入葱姜、大料煸炒出香味后放入水，加入盐、料酒、白糖、醋、蒜茸烧开打去浮沫，放入鱼条，用大火烧开，小火㸆至将成熟时放入番茄酱，㸆至成熟后捞出放在盆里，再把勺里的汤汁熬黏淋在盆里的鱼条上，放上芝麻拌匀，晾凉即成。

特点　色泽红润油亮，咸甜酥香。

原料配方

主料 罐头清水马蹄150克

调料 白糖150克　盐1克　桂花1克　红车厘子5个

制作方法

1. 马蹄洗净在上面切上米字花刀，放在开水锅中煮透。

2. 炒勺子里放入水，加入白糖、盐、桂花，熬至发粘时放入马蹄，见挂上糖出勺放在盘里晾凉，用车厘子点缀即成。

特点 马蹄甜脆，略有花香。

龙井煨冬笋

制作者：刘秋广

原料配方

鲜冬笋300克

西湖龙井茶15克

葱段15克　味精2克
姜片10克　白糖2克
盐2克

制作方法

1. 冬笋去掉较老的部分，切成条状，放到开水锅中焯一下，捞出控干，放在盘里加入葱姜、盐略腌。龙井茶用开水沏透出香味，去掉茶叶留下茶汁。

2. 炒勺里放入茶汁，再放入新茶叶和冬笋烧开，加入盐、葱姜、白糖烧开，改用小火㸆至入味，捞出放在盘里即成。

特点　脆嫩鲜美，茶香味浓，是龙宴不可缺少的一道冷菜。

五彩墨龙丝

制作者：刘秋广

原料配方

主料 墨鱼肉300克

红绿彩椒各25克
发好香菇25克
胡萝卜25克

葱丝10克
姜丝8克
盐3克
味精3克
料酒6克
白醋2克
香油2克

制作方法

1. 墨鱼肉洗净切成细丝，放入开水锅中焯透过凉。彩椒、香菇、胡萝卜也分别切成细丝，放入开水锅中焯透过凉。

2. 将墨鱼丝、彩椒丝，香菇丝、胡萝卜丝放在盆里，加入盐、味精、姜丝、料酒、葱丝、香油、白醋拌匀即成。

特点　色彩艳丽，咸鲜爽口。

龙潭风光

制作者：刘秋广

原料配方

主料

五香肘花	熟鸡丝	椒香萝卜	鸡蛋松
酱牛肉	黄蛋糕	蒜香西兰花	金瓜
叉烧墨鱼	醉笋	油焖香菇	
鸡肉紫菜卷	炝黄瓜	紫甘蓝	
盐水虾仁	糖醋排骨	白蛋糕	

龙潭风光视频

制作方法

1. 熟鸡丝调味好摆放在盘中摆成山形（垫底）。各种原料均切成片状。黄瓜切成柳树形态。

2. 把切好的各种原料根据形态和颜色在盘中的两边摆成山的形状。在盘子的另一边用金瓜摆成鼓楼的形状。

3. 在盘中的适当部位，摆上绿树和几朵刚开的小花和小船。

制作关键

1. 各种原料切的要均匀，不宜太厚。
2. 山的造型要形象，要有层次感。
3. 色泽搭配要合理。
4. 盘中原料的比例要自然合理。
5. 各种原料口味要搭配适当，不宜重复。

特点 多料多味，式样美观。

赛飞龙

制作者：刘秋广

原料配方

主料：鳜鱼肉200克　鸡肉100克

配料：鸡蛋清2个

调料：盐4克　味精3克　料酒8克　葱汁15克　姜汁10克　香油15克　水淀粉100克　植物油30克

制作方法

1. 鳜鱼肉、鸡肉分别用刀切成茸，加入盐、料酒、味精、葱姜汁、香油、淀粉调匀成为馅。

2. 把馅放在一个方盘里按平（约1厘米厚），放入蒸锅蒸熟取出晾凉后，切成长8厘米、宽3厘米的长方形，放入四成热的油锅中炸成金黄色，晾凉，切成片状整齐地摆放盘里即成。

特点　色泽外黄内白，咸鲜香。

第三部分　面点

三龙图

制作者：陈刚

龙飞

制作者：陈刚

凤

制作者：陈刚

制作者：陈刚

和合二仙

制作者：陈刚

面塑龙凤呈祥视频

龙凤呈祥

钟馗
制作者：陈刚

长眉罗汉
制作者：陈刚

八仙过海
制作者：陈刚

雪花龙须面

制作者：解路远

原料配方

主料 面粉1000克

 白糖50克

 盐3克
植物油50克

制作方法

1. 面加水、盐和成面团，饧2小时后（根据季节、温度掌握时间）搓成50厘米长的长条，然后反复拉抻折叠（溜面十二次），抻成细丝。

2. 炒勺里放入油烧至三四成热，把抻好的细丝放入油锅中用筷子挑散，炸至硬挺呈浅黄色时马上捞出控净油，整齐地摆放在盘里，撒上一层白糖即成。

龙须面，北京宫廷小吃，是从山东抻面演变而来的精品，至今已有300多年的历史。原为御膳房为皇帝打春吃春饼所做的一种炸货，因其细如发丝，起名“须子”，是皇帝每年吃春饼不可少的佳肴之一，也是我国北方传统风味筵席面点品种之一。相传明代御膳房里有位厨师，在立春吃春饼的日子里，做了一种细如发丝的面条，宛如龙须，皇帝胃口大开，边品尝，边赞赏，龙颜大悦，赞不绝口。从此，这种炸制的面点便成了一种非常时尚的点心。由于抻面的姿势，如气壮山河一般，抻出的面细如发丝，犹如交织在一起的龙须，故名龙须面。

制龙须面用普通面粉，经和面、饧面、溜面、出条、抻面而成。和面时要根据气温、湿度，加入适量的盐和清水；饧面是将和成的面团用湿布盖好，放置2小时左右；溜面是将面团在案板上揉成长1米左右、直径10厘米左右的长面条，手执两端，反复溜20～30下，把面筋顺直；出条是将长面条对折成2根，放在案板上撒上面粉；抻面是将面两端提起，随着上下摆动向外抻拉，然后对折成4根再抻拉，如此抻拉对折9次，每折1次，面条根数增加1倍，到第9次，正好是512根，第13次即成8192根细如发丝的龙须面。龙须面在滚油里炸熟，撒上白糖，点缀些金糕，便成为油炸龙须面。如将制成的面丝盘成一饼状，在微火烧热的锅上烙熟，即是一窝丝。发酵后的面抻成的龙须面，刷上油，切成七八厘米的段，包上面皮，经过蒸烤，还可以做成银丝卷。

1983年全国首届烹饪技术比赛（全国名厨师技术鉴定会）在北京召开，天津选派3名选手1名助手组成天津代表团参加了比赛。其中，桃李园饭庄蒋文杰（已故）抻制的雪花龙须面，受到专家们的一致赞扬，蒋师傅被命名为最佳面点师。从此天津在抻龙须面技术上，人才不断涌现，登瀛楼、天津烤鸭店均有选手在全国和世界烹饪比赛上获得骄人成绩。2001年天津市商业委员会组团赴比利时参加中比文化艺术交流会，天津风味技艺绝活表演时，天津烹饪大师商洪芳表演了抻龙须面和空心面，受到当地人民和组委会好评，为天津争了光，为国争了光。

随着行业的发展和市场的竞争，如今的餐饮业界已将龙须面的标准定义为14扣（16384根），而且在出条时也不同于平时抻面那样简单的抻拉，面艺表演师会在出条的过程中融入各式各样的舞蹈动作，面条在师傅们的手中活了起来，时而如银蛇狂舞，抻细后在师傅双手的抖动下又如惊涛骇浪，令人拍案叫绝。尤以抻至最后一扣，师傅往往会将面的一端放在地上，另外一端举过头顶，不停抖动，如瀑布般“飞流直下三千尺，疑是银河落九天”般呈现在食客面前。中华面食技艺的博大精深被被表演师傅展现得淋漓尽致，使人无不震撼。目前有记录最细的龙须面可抻至13扣以上，数目可达数万根。

特点　色泽浅黄，香甜脆爽，技术性强。

蒸懒龙

制作者：解路远

原料配方

主料　面皮用料：面粉300克　温水约160毫升　酵母约3克
馅料用料：猪肉180克

调料　鸡蛋清1个　生抽1克
料酒3克　白糖2克
老抽1克　香油5克

制作方法

1. 将酵母放入温水中拌匀，静置几分钟使其完全溶解，将溶解后的酵母溶液倒入面粉中，用手将其抓揉成团，然后再反复揉压，要一直将其揉成表面光滑的面团，盖上盖子或湿纱布饧发1.5～2小时。

2. 猪肉剁成肉末，加入所有调料，朝一个方向搅拌上劲，成为馅。

3. 将发酵好的面团取出放在撒有一层薄粉的案板上，充分地揉压出里面的空气，再次将其揉成表面光滑的面团，将面团揉成圆形，然后按扁，再擀成约0.3厘米厚的长方形面皮，将肉馅均匀地涂在面皮上，从一端开始将其折起来，将两头稍稍按紧一些，制成肉龙生胚，将生胚用湿纱布盖起来，再饧20分钟。

4. 饧好的生胚放入刷好油的蒸锅中，大火隔水蒸约20分钟后关火，再等约3分钟后开盖取出，用刀切成段即可。

特点　松暄味美，味道咸鲜。

制作者：解路远

虾肉龙珠饺

原料配方

 澄面350克

 鲜虾仁250克 肥膘肉粒50克 鸡蛋清10克

 盐4克 味精3克 香油3克 白糖2克 胡椒粉1克 猪油8克 清水适量

制作方法

1. 澄面粉加盐，倒入热水锅中搅拌匀成熟，稍凉后加入猪油搓揉均匀成澄面皮。
2. 鲜虾仁洗净去沙线，沾干水分，剁成茸，搅拌起胶，加入肥肉粒、蛋清、味精、白糖、胡椒粉、香油调匀。
3. 将澄面制成圆皮，再拆成三角形，放入调好的馅团成小珠形，用花钳捏合好，放入蒸箱蒸熟即成。

特点 爽口鲜美，色泽光亮。

原料配方

主料 烫面500克

配料 鸡胸肉末150克 鲅鱼净肉末150克 肥膘肉末50克 熟木耳末10克 绿菜松5克 火腿末10克 熟鸡蛋黄10克

调料 料酒8克 姜汁6克 葱米8克 盐3克 味精2克 鸡蛋1个 香油5克

制作方法

1. 将烫面搓成12个剂子，用湿布盖好。

2. 鸡肉末加入鱼肉、料酒、盐、鸡蛋、味精、肥膘肉、香油、适量水调成馅。

3. 把12个剂擀成圆形片，把调好的馅放入皮子中间，将圆片对折中间捏合十字形，再将四角尖相连接成四个小洞，便成四喜饺半成品，放到蒸锅里蒸至九成熟取出，分别把熟鸡蛋黄，绿菜松、红火腿末、木耳末填入小洞里，再放入蒸锅蒸透取出即成。

特点 “四喜”是指饺子的黑、红、绿、黄四种颜色。
色泽美观，香嫩味香。鱼肉喻于“龙”，鸡肉喻于“凤”故名。

金鱼龙饺

制作者：解路远

原料配方

主料　澄面250克

配料　猪五花肉末200克　虾肉150克　冬笋75克　青豆12粒　葱末20克　姜末6克

调料　盐3克　酱油10克　香油10克　味精3克　白糖2克　胡椒粉1克　料酒10克　猪油20克

制作方法

1. 虾洗净切成小粒，冬笋也切成小粒和青豆、猪肉末放在一个盆里，加上料酒、葱姜末、盐、白糖、酱油、香油、味精、胡椒粉、猪油拌匀，成为虾馅。

2. 将澄面制成剂子，用手搓揉软，用刀面将其拍打成圆薄皮，包上虾馅，把皮折成三角形，把二个角端向里捏弯接连，捏成两个小坑（鱼的眼睛），另一端捏成金鱼尾巴，在前端小坑处放上两粒青豆，放入蒸箱蒸熟，即成。

特点　形象金鱼，色泽晶亮，肉嫩，清淡鲜香。

龙迎春卷

制作者：解路远

原料配方

主料：面粉500克

配料：鱼肉300克　冬笋100克　冬菇50克　韭菜25克　猪肥肉末50克

调料：盐2克　酱油5克　味精3克　白糖3克　料酒6克　水淀粉15克　胡椒粉5克　植物油50克

制作方法

1. 把面粉加适量水和盐活好，反复甩挞，直至甩挞成纯滑滋润、不粘手、不粘缸盆的面团，上面盖上湿布。鱼肉、冬笋、冬菇分别切成小粒，用开水焯一下。韭菜切成小段。

2. 炒勺里放入底油烧热，将鱼肉、肥肉末放入煸炒，随炒随放入冬笋、冬菇，再放入料酒、盐、酱油、味精、白糖、胡椒粉翻炒均匀，最后放入韭菜直至全部成熟，淋入水淀粉勾薄芡成为馅。

3. 将饼铛擦净上水受热均匀，把面团放在饼铛上摊成15～16厘米的圆薄皮，待熟后取下皮子用湿布盖上。面粉加水调成面糊。

4. 把皮子放在案板上，放上炒好的鱼馅，卷成长方形，在接口处抹上面糊，即成生春卷，放入三四成热的油锅中炸成金黄色全部成熟，捞出控净油，摆放在盘里即成。

特点　色泽金黄，皮薄香脆，质嫩鲜美。

原料配方

主料 面皮料：嫩发面750克 猪油100克
油酥料：面粉250克 猪油125克

配料 发好海米100克 熟火腿25克
白萝卜400克 猪板油200克

调料 盐3克 料酒6克
味精2克 鸡蛋1个
葱末8克 香油3克

制作方法

1. 将嫩发面加入适量的碱水揉搓匀，再加入猪油揉搓成光滑发面团，即成皮面。将面粉加入猪油揉搓成均匀成为油酥面。

2. 白萝卜洗净去皮擦成细丝，放入开水中氽一下，过凉挤净水分。发好的海米切粒，猪板油、火腿切成碎粒状，和萝卜丝一起调，随调随加入料酒、葱末、盐、味精、白糖、香油调拌均匀成为馅。

3. 发面皮包入油酥按扁，用擀面杖擀成长方形片，再卷成直径3厘米的的圆筒，揪成小剂子，按扁包入馅，擀成圆形，上面刷上鸡蛋液，放入烤箱，烤至呈金黄色全部成熟即成。

特点 色泽金黄，外酥里嫩，馅细腻芳香。

三鲜龙眼酥

制作者：解路远

原料配方

主料 水油皮：用水皮500克包入油酥300克而成

注：

①水皮料用料：

面粉500克、猪油125克、水225克。

②油酥心用料：

面粉500克、猪油250克。

配料

猪肥瘦肉50克　冬笋粒50克
大虾肉100克　青豆25克
鸡肉50克　植物油30克
发好香菇粒25克

调料

盐3克　胡椒粉1克　鸡蛋清1个
味精2克　香油5克　水淀粉50克
料酒6克　葱末5克　清汤100克
白糖3克　姜末4克　红车厘子3粒

制作方法

1. 猪肉、虾肉、鸡肉分别切成粒状，加入盐、鸡蛋清、淀粉调匀上浆，放入二三成热的油锅中滑透捞出控净。

2. 炒勺里放入油烧热，放入葱姜煸炒出香味后放入冬笋、香菇、青豆再加入鸡肉、虾肉、猪肉一同翻炒，随炒随放入料酒、盐、味精、白糖、胡椒粉和清汤，一同翻炒入味，淋入水淀粉勾芡，炒匀放入香油出勺晾凉。

3. 将水皮包入油酥成圆球形，按扁擀成长方薄片，把两端叠折成三层，再擀成长薄片，再折叠成四层（即三四层折叠法），再擀成长方薄片（厚度0.2~0.3厘米），然后用专用的圆形刀切成圆形片，每片中间放入熟馅，形似龙眼，放入烤箱里用中火烤制成熟放上车厘子即成。

特点　色泽美观，酥香可口，是龙宴上不可缺少的一道点心。

翡翠龙须面

原料配方

主料 面粉500克

配料 细鱼肉丝200克 菠菜叶500克

调料 盐6克 鸡蛋2个 料酒4克 姜汁6克 葱丝4克 味精2克 香油3克 清汤200克 植物油30克

制作方法

1. 菠菜叶洗净剁碎，放入盆里加入反复捏出绿菜汁待用。

2. 面粉加绿菜汁、盐、鸡蛋合成绿色面团，反复揉搓使面团光滑，搓成长条形，用湿布盖上，静饧15～20分钟，然后擀成长薄片（约1毫米厚），叠起切成细面条，成为翡翠面，放到锅里煮熟捞出放入碗里。

3. 炒勺里放入底油烧热，放入葱丝、料酒、盐、味精、姜汁和清汤烧开，放入鱼丝煮熟捞出放到碗里的翡翠面上，再淋上香油，撒上胡萝卜丝即成。

特点 色泽碧绿，面条细如龙须，美味可口。

制作者：解路远

冬笋龙肉包

原料配方

主料 面粉500克 白糖50克 纯碱3克 泡打粉5克

配料 鳜鱼肉粒400克 猪肥膘肉粒150克 冬笋粒100克

调料 酱油5克 姜末8克 味精2克 清汤100克 料酒8克 白糖4克 香油5克 植物油30克 葱末10克 盐3克 水淀粉30克

制作方法

1. 将面粉放在案上，开成窝形加入溶化的碱水揉匀揉透，加入白糖和泡打粉揉匀，便成包皮。

2. 冬笋粒放入开水锅中煮透捞出过凉。

3. 炒勺里放入底油烧热，放入鳜鱼粒、猪肉粒、冬笋粒一起煸炒，先放入葱姜末，再随炒随放入酱油、料酒、汤、盐、白糖、味精翻炒，全部炒匀淋入水淀勾芡成为鱼肉馅。

4. 把揉搓好的包皮揪成面剂，按扁包入鱼肉馅，包成提褶包子放入蒸锅内蒸熟即成。

特点 包子式样美观，香醇浓厚，美味鲜嫩，是龙宴上不可缺少的一道咸点。

蟠龙卷玉凤

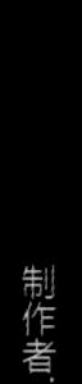

制作者：解路远

原料配方

主料：鲜鲈鱼肉300克　小鸡胸肉末150克

配料：鲜去皮马蹄50克　鲜冬笋50克　椰茸100克

调料：盐3克　味精2克　料酒6克　植物油75克　葱姜末各5克　蛋清1个　干淀粉150克　香油5克　白糖50克　清汤50克

制作方法

1. 将鱼肉制成细腻的鱼茸，放在盆里加入盐水用力搅成胶状，然后加入淀粉和油，再搅成胶性大的鱼茸团，搓成长条用刀切成小圆剂子，蘸上干淀粉按扁，用擀面杖擀成薄如纸的小圆皮，用湿布盖上。马蹄、冬笋用开水焯一下。

2. 鸡肉、马蹄、冬笋分别切成小粒状，加入蛋清、盐、料酒、葱姜末、干淀粉、香油和清汤调成馅，挤成小丸子状。

3. 鱼面皮上面蘸干淀粉再放上小丸子包成圆形，放入二三成热的油锅中炸熟，捞出控净油，蘸上椰茸摆放在盘中，撒上白糖即成。

特点　爽滑鲜美，咸中带甜，是龙宴上不可缺少的一道点心。

原料配方

澄面粉100克
糯米粉50克

鲜鳜鱼肉200克
鸡蛋2个
红椒丝2克

料酒6克
盐3克
葱姜末各4克
味精2克
白糖25克
猪油30克
香油5克

制作方法

1. 澄面粉、糯米粉分别用开水烫熟，放在一起加入白糖、猪油、鸡蛋黄，用手揉搓均匀、光滑，用湿布盖好。

2. 鱼肉制成鱼茸，加入猪油、料酒、盐、鸡蛋、葱姜末、味精调匀，用手挤成直径1厘米的小丸子形，放入蒸锅中蒸透取出。

3. 将澄面皮团揪成小剂按扁成圆形，放入鱼肉丸，把口收严，用手揉成葫芦形，放入蒸锅中蒸一下取出刷上香油，在葫芦腰中系上红椒丝，整齐地摆放在盘中。

特点 形似葫芦，式样美观，鲜咸可口。

龙肉烧饼

制作者：解路远

原料配方

主料 面粉500克　清水250克左右　老面肥150克　碱液适量

配料 鲜虾肉350克　冬笋粒50克　植物油30克　猪肥肉50克　香菇粒50克

调料 盐4克　豆瓣葱5克　白糖25克　芝麻100克　味精3克　姜汁5克　酱油3克　料酒5克　胡椒粉2克　香油3克

制作方法

1. 虾肉、猪肉分别切成粒状。香菇粒、冬笋粒分别焯一下。炒勺里放入底油烧热，放入虾肉、猪肉一起煸炒，随即加入豆瓣葱、姜汁、料酒翻炒，随炒随放入冬笋粒、香菇粒，加入盐、酱油、白糖、味精、胡椒粉、香油，炒至发干成熟，淋上香油，成为熟馅。

2. 面粉加水和老面肥揉透成为面团，饧一会，使其发酵，待面团发起时加入碱液和白糖揉成面坯，搓成长条揪成剂子，按扁再从剂子上揪下一小块面团沾上油，包入按扁的剂子中间，成为圆形，再按扁成圆饼状，刷上一层糖水，蘸上芝麻，放入烤箱烤熟即成。

特点 色泽金黄，松脆酥香。一般在龙宴上都是由服务员在上桌时把烧饼和龙肉熟馅一同放在桌上报一下名字，让客人看一下。然后端下桌，在下边用小食刀在烧饼边上切开一个小口把里面的熟面心取出使之成为空心，把肉馅放入再分给每位客人，别有风趣。

香炸龙卷

制作者：解路远

原料配方

主料：鲜虾肉500克、猪肥膘肉粒100克

配料：咸面包1个、鸡蛋2个

调料：料酒6克、姜汁4克、葱末5克、味精2克、盐3克、胡椒粉1克、白糖2克、香油3克、面粉50克、黑白芝麻150克、植物油50克

制作方法

1. 先将面包切成薄片（1.5厘米厚），然后去掉四边，改刀成5厘米宽、8厘米长的长方形片。面粉加水调成面糊。

2. 虾肉洗净晾干水分，制成茸放入盆里加入盐搅成胶状，再放入猪肉粒、鸡蛋，搅匀，放入料酒、葱末、姜汁、胡椒粉、白糖、香油一同搅拌上劲成馅。

3. 将面包片轻轻蒸一下见软即成，在每片上先抹上面糊再放上适量的馅，卷成圆筒状，两边抹上面糊，再粘上芝麻，放入三四成热的油锅中炸成金黄色且全部成熟，捞出控净油，摆放盘里即成。

特点 色泽金黄，质地酥脆，鲜嫩咸香。

皇龙喜寿面

制作者：解路远

原料配方

主料　面粉500克

配料　细鱼肉丝150克　油菜芯1棵

调料　盐6克　鸡蛋黄3个　鸡蛋2个　料酒4克　姜汁6克　葱丝4克　味精2克　香油3克　清汤200克　植物油15克

制作方法

1. 鸡蛋黄加入盐、淀粉调匀，放入蒸锅蒸成黄蛋糕，刻成“寿”字。

2. 面粉加水、盐、鸡蛋和成面团，反复揉搓使面团光滑，搓成长条形，用湿布盖上，静饧15～20分钟，然后用擀面杖擀成长薄片（约1毫米厚），叠起切成细面条，放到锅里煮熟捞出放入碗里。

3. 炒勺里放入底油烧热，放入葱丝、料酒、盐、味精、姜汁煸炒出香味，放入清汤烧开，放入鱼丝、油菜芯煮熟捞出放到碗里的面条上，再淋上香油，上面放“寿”字即成。

特点　色泽清澈，面条细如龙须，鲜美可口，是龙宴上必不可少的一道面点。

福字龙饼

制作者：解路远

原料配方

主料 面粉500克　清水250克左右　老肥150克　碱液适量

配料 鲜虾肉350克　冬笋粒50克　猪肥肉50克　香菇粒50克

调料 盐4克　豆瓣葱5克　白糖25克　味精3克　姜汁5克　酱油3克　料酒5克　胡椒粉2克　香油5克

制作方法

1. 虾肉、猪肉分别切成粒状。香菇粒、冬笋粒分别焯一下。炒勺里放入底油烧热，放入虾肉、猪肉一起煸炒，加入豆瓣葱、姜汁、料酒翻炒，随炒随放入冬笋粒、香菇粒，加入盐、酱油、白糖、味精、胡椒粉、香油至全部炒至发干成熟淋上香油，成为熟馅。

2. 面粉加水和老肥揉透成为面团，饧一会，使其发酵，待面团发起时加入碱液和白糖揉成面坯，搓成长条，揪成剂子，按扁成圆片，包上熟馅成为福字坯，按入福字木模中，按实再磕出来，放入蒸锅里蒸熟取出，放在盘里即成。

特点　松软鲜咸，微甜，是福寿龙宴里不可缺少的面食。

原料配方

主料 面粉500克 清水约250克 老肥150克 碱液适量

配料 鲜虾肉350克 冬笋粒50克 猪肥肉50克 香菇粒50克

调料 盐4克 豆瓣葱5克 白糖25克 味精3克 姜汁5克 酱油3克 料酒5克 胡椒粉2克 香油5克

制作方法

1. 虾肉、猪肉分别切成粒状。香菇粒、冬笋粒分别焯一下。炒勺里放入底油烧热，放入虾肉、猪肉一起煸炒，加入豆瓣葱、姜汁、料酒翻炒，随炒随放入冬笋粒、香菇粒，加入盐、酱油、白糖、味精、胡椒粉、香油至全部炒至发干成熟淋上香油，成为熟馅。

2. 面粉加水和老肥揉透成为面团，饧一会，使其发酵，待面团发起时加入碱液和白糖揉成面坯，搓成长条，揪成剂子，按扁成圆片，包上熟馅成为寿字坯，按入寿字木模中，按实再磕出来，放入蒸锅里蒸熟取出，放在盘里即成。

特点 松软鲜咸，微甜，是福寿龙宴中不可缺少的面食。

制作者：解路远

炸龙胆

原料配方

主料 黄米面500克　　配料 豆沙馅400克　　调料 鸡蛋2个　面包屑150克　植物油50克

制作方法

1. 将黄米面放入蒸箱蒸熟，加入适量清水和成面团揉匀，揪成小面剂，按扁，放上豆沙馅，包成圆形，蘸上鸡蛋液，再蘸上面包屑，成为龙胆坯。

2. 炒勺里放入油烧至三四成热，放入龙胆坯慢慢炸至金黄色成熟，捞出控净油，摆放在盘里即成。

特点 色泽金黄，酥软香甜，可蘸白糖食用。

制作者：解路远

龙须卷

原料配方

主料　面粉450克　　

盐（用量根据季节决定）

制作方法

1. 面粉加水300毫升，加盐和成面团，饧两小时后搓成50厘米长的长条，然后反复拉抻折叠（溜面12～13次），抻成细丝形似龙须，上面刷上油。

2. 把溜面时揪下的面团加入面粉揉合好，揪成面剂擀成长方形片，上面放上面丝段，将面皮左右两边翻起盖在面丝上，再把前后两边折卷起来，将面丝全部包严（注意不要包卷得太松或太紧），放入饧箱里10分钟取出，再放入蒸箱内蒸熟，再切成8厘米左右的段即成。

特点　色泽洁白，暄腾软和，油润。

龙福酥

制作者：解路远

原料配方

主料 面粉500克

配料 红豆500克

调料 白糖200克 猪油200克 鸡蛋200克 泡打粉10克 白糖400克 花生油200克 碱面适量

制作方法

1. 去掉豆中的杂物，洗净放入盆里加入适量清水和碱面煮烂，用粗眼铁丝箩去皮洗沙，放入布袋压干水分成豆馅。

2. 把豆馅和白糖放进大锅用温火慢慢边炒边铲，炒至豆馅基本稠浓时放入一半油，炒至油被豆馅吸收后再放入另一半油，炒至豆馅呈浓厚状态，不黏手为止，即成为豆沙馅。

3. 面粉与泡打粉混匀过筛，放在案上，开成窝形，放入鸡蛋、白糖、猪油揉搓均匀，和好，折叠两三次即成。

4. 将和好的面皮揪成小剂，擀成圆面片，中间放上豆沙馅包匀，再放入龙福木模中按实，磕出，放在烤盘中，放入烤箱中烤熟取出即成。

特点 松酥甜香，造型美观。

龙眼肉粥

制作者：解路远

原料配方

粳米60克

龙眼肉40克
红枣20克

制作方法

将粳米淘洗干净，加红枣、龙眼肉一起放入锅内，加入适量清水，用文火熬成稀粥即成。

特点 制作简便，口味清淡，糯软可口。

附 录

本书策划、顾问及菜点制作者

顾问王德福

王德福：1927年出生，北方菜代表人物，北京当代名厨，中餐高级烹调技师，中华老字号柳泉居饭庄技艺第20代传承人。1942年在北京东安市场大鸿楼饭庄开始厨师生涯，师承名家张恒，擅长烹制北京菜。60年代后期开始在北京老字号饭庄柳泉居掌灶30多年，退休前为柳泉居饭庄副经理兼厨师长。王德福对于“京菜”的烹调技术，炸、熘、焖、烧等无一不精，特别是擅长于扒菜。多次担任市、区烹饪大赛评委工作。1997年获北京市技师献艺奖，并被北京市政府授予“优秀厨师”称号。代表菜有：“五彩燕菜卷”“芙蓉鱼翅”“官府鲍鱼”“花篮蟹肉”“扒蟹盒”“虾仁涨蛋”等。

顾问杨星儒

杨星儒：1940年生于北京。北京市劳动模范，北方菜代表人物，中华老字号柳泉居饭庄技艺第21代传承人。北京当代名厨，中餐高级烹调技师。1953年参加工作，师承王德福。几十年来，潜心钻研北京菜，精通“京菜”的各种烹调技术尤其擅长扒菜，在挖掘整理传统菜方面颇有建树，为此多次受表彰。1997年获北京市技师献艺奖，并被北京市政府授予“优秀厨师”称号，并荣获传统菜一等奖。代表菜有：“一品燕菜”“扒酿海参”“酱爆肉丁”“鸡茸腰花”“炉肉扒鱼翅”等。

主编张铁元

张铁元：1952年出生，毕业于北京教育学院烹饪系。中华老字号柳泉居饭庄技艺第22代传承人，国际饮食养生研究会副会长，国家级名厨，国家级中餐大赛一级裁判员、评委，中国烹饪大师，中餐高级烹调技师，京华名厨联谊会会员。北京应用大学饭店旅游管理系客座教授，山东东方美食教育学院客座教授。退休前为北京柳泉居饭庄业务经理兼行政总厨。曾多次赴美国、日本、印度等国家进行技术表演和交流，曾多次在中央电视台、北京电视台、东南卫视等媒体做烹调技术绝活表演（蒙眼拔丝）。张铁元自1972年进入北京老字号饭庄“柳泉居饭庄”，从事烹饪工作，拜王德福、杨星儒为师。在恩师的精心传授下在该店执厨30多年，擅长京菜的扒、烧、炸、焖、塌，熘、拔丝等技法。曾多次参加全国、市、区烹饪大赛并获得金厨奖、特金奖、优秀奖等。1988年被北京市政府评为优秀厨师。多次担任全国、市、区烹饪大赛评委工作。现任北京老字号“柳泉居饭庄”技术顾问，石家庄“香元酒楼”技术总监。

策划曾凤茹

曾凤茹：1953年出生。国际饮食养生研究会秘书长，世界中华美食药膳研究会秘书长。中国服务大师，高级宴会设计师，京华名厨联谊会会员，国家级服务技能考核评委，国家级服务技能大赛裁判员。自1972年参加工作，先后担任北京晋阳饭庄副总经理、北京孔膳堂饭庄经理、北京宣武饮食公司培训中心副主任、东方明珠酒家副总经理。她擅长中西餐宴会服务和宴席设计，获得北京首届“首都紫禁杯最佳个人”奖，曾多次带队赴日本等国家进行技能表演，带队参加在上海举办的国际烹饪大赛获团体金牌。参加历任各类服务技能大赛的评判工作。曾主编《餐厅服务　初级·中级·高级服务技能》《餐厅服务员》教材及《职业鉴定指导》，并参加了《餐厅服务知识1000问》的审定工作。主持15届大型公益“百叟宴”活动，主持14届国际养生交流大赛活动。

主编韩彦龙

韩彦龙：1963年出生，毕业于北京实验大学烹饪系和北京师范大学中文系。北京教育学院信息科学与技术教育学院教师，现主讲烹调工艺学、烹饪原料学、宴会设计及少数民族饮食风俗等课程。高级讲师、高级烹调技师、高级营养师。2003年参加北京第三届中国药膳烹饪大赛并获热菜、冷菜和汤菜三项金奖。2005～2008年连续参加国际饮食研究会举办的国际饮食养生烹饪交流赛并获得四次金牌。2006年荣获北京当代名厨称号。曾担任《老北京风味小吃》一书副主编。

副主编张奇

张奇：清华大学观畴园经理，高级技师、国家技能鉴定高级评委、中国烹饪大师、北京当代名厨、中国贸促会饮食文化委员会委员。2004年获得第三届全国药膳烹饪大赛金奖，2004年获得第五届全国烹饪大赛金奖，2009年获得第五届国际养生烹饪大赛技术全能奖。连续14年被清华大学餐饮中心评为处级先进工作者，2016年获清华大学校级先进个人，2018年获清华大学后勤“技能标兵”称号。

副主编赵国梁

赵国梁：1967年出生。北京民族饭店四季餐厅主管，中国烹饪大师、北京当代名厨、中烹高级技师、北京优秀厨师、北京劳动局中餐考评员，擅长烹制粤菜，并对鲁菜、川菜、淮扬菜颇有研究。2010年被北京聚德华天培训学校聘为中餐烹饪教师任教至今，并被评为最佳培训导师。2017年参加国际饮食养生研究会举办的交流大赛荣获冷菜、热菜、面点三项金牌，并获得世界美食药膳名师称号。代表菜品有：“风味浓汤翅”“蟹粉大排翅”“双龙入海”“飞龙汤”“四宝烩松茸”“金米炖辽参”“雪菜虾仁烧豆腐”。

副主编李洪涛

李洪涛：北京工贸技师学院招生就业办公室主任，1994年至2002年在北京市服务管理学校担任烹饪教师工作，积累了大量烹饪教育经验。1998年在迎亚运烹饪大赛中获得第二名；2003年参加国际饮食养生研究会在江西举办的烹饪大赛荣获热菜、冷菜、面点三项金牌，并荣获世界药膳名师称号；2004年参加全国烹饪大赛荣获第三名并获特技表演奖；2005～2006年任北京市职业技能鉴定中心和人力和劳动社会保障部试题专家。

副主编杨旭

杨旭：北京市工贸技师学院烹饪系主任、高级实习指导教师、中式烹调高级技师、国家级高级考评员、国家级一级裁判员、实训指导师，公共健康指导师。先后荣获北京市优秀青年骨干教师、北京市职业技能培训优秀教师、中国烹饪大师荣誉称号。2019年被世界中餐联合会授予“中国厨师艺术家”荣誉称号。曾发表《基于一体化课程改革的烹饪职业教育创新路径探析》《中式烹调专业教学评价存在的问题及解决对策》等专业论文。曾主编《常见冷菜制作与拼盘》《冷菜制作工艺与食品雕刻基础》等教材。

制作者于赤军

于赤军：1956年出生，从事餐饮工作45年。中国烹饪大师、国家高级烹饪技师、国家职业技能鉴定高级考评员，京华名厨联谊会会员。1974年9月北京晋阳饭庄参加工作，师承金永泉、张庆岚、刘文献、李新生等名师。精通晋菜、京菜的制作。曾担任晋阳饭庄厨师长、副经理、技术总监等职。1984年荣获北京技术能手称号，1988年荣获首届“京龙杯”烹饪大赛金奖，2012年荣获国际美食大赛“长寿杯”金奖，2013年荣获第十届国际美食大赛“宝石杯”三项全能金奖，取得了世界养生名师称号。代表菜有：“梅花龙茸干贝”“香酥鸭子”“炉肉火锅”“炉肉扒乌龙”“蟹黄龙唇”“油焖大虾”等。

制作者姜海涛

姜海涛：1970年出生，中国烹饪大师，北京烹饪大师，中式高级烹调技师，北京当代名厨，中国药膳大师，现任北京市劳动技术鉴定中心中式烹饪高级考评员、北京聚德华天职业技能培训学校中餐教师。1990年参加工作，师承张铁元、乔春生、孙大力、张志广学习烹饪技术。曾多次参加全国烹饪大赛并获得金奖，2005年获北京国际红鳟鱼美食大赛优秀奖，同年获首届中华美食养生大赛金奖。代表菜有：“金汤烧鱼肚”“碧绿鲜虾南瓜酪”“ 秘制酥皮虾”“鲍汁扣辽参”“梅花干贝”等。

冷菜制作者刘秋广

刘秋广：毕业于北京教育学院餐饮管理系。中国烹饪大师，北京当代名厨，中式高级烹调技师。国家电网北京中兴物业管理有限公司电商中心餐厅经理。1992年在北京柳泉居饭庄从事烹饪工作，兼任厨师长。师承中国烹饪大师张铁元。曾参加“华天杯”烹饪大赛荣获刀工一等奖、热菜二等奖。2012年10月参加国际饮食养生研究会国际烹饪交流大赛获得金牌。代表菜有：“珍珠鲍鱼”“乌龙吐珠”“鼓楼风光”“银锭观山”“春回大地”“追逐”等。

面塑制作者陈刚

陈钢：中式烹调高级技师、中国烹饪大师、中国药膳名师、国家职业技能鉴定质量督导员、国家职业技能鉴定高级考评员、国家级餐饮大赛一级评委。师承鲁菜大师赵树风、张铁元、李启贵、面点大师王志强等师傅学习多年，跟香港名厨邱国奇师傅学习粤菜。在酒店餐饮管理、厨政管理等方面有丰富的实践经验。2001年北京职业技能竞赛中式烹调第一名，2003年第五届全国烹饪技术比赛热菜项目个人金奖，2004年第三届中国药膳烹饪大赛冷荤、热菜、面点、煲汤四项金奖。擅长食品雕刻、面塑艺术。

制作者王圣杰

王圣杰： 中式烹调技师。北京清华大学饮食服务中心观畴圆餐厅任副经理兼厨师长。连续9年被清华大学餐饮中心评为处级先进工作者，2016年获中国超级厨师“金马杯”全国厨艺大赛特金奖，2019年5月获厨邦顶级厨师全国凉菜大赛银奖。

果蔬雕刻作者王天遵

王天遵： 毕业于哈尔滨商业大学，烹饪与烹饪营养教育专业，中式烹调高级技师。2010年至今在北京清华大学饮食服务中心从事烹饪工作。2011年至2018年，先后6次被评为清华大学饮食服务中心“处级先进工作者”荣誉称号。本书章题页食雕作品“祥龙”制作者。

面点制作者解路远

解路远： 中式高级面点师。北京清华大学饮食服务中心观畴园餐厅面点主管。2016年至2018年多次在清华大学服务中心主食岗比赛中获奖。北京市第八届商业职业技能大赛面点金奖。

制作者尤卫东

尤卫东： 1968年出生，毕业于北京师范大学经济管理学院，中国烹饪大师，中国餐饮文化名师，国家高级烹调技师，北京当代名厨，中餐考评员。1986年参加工作，2012年拜张铁元先生为师，多年来在师父的教诲下，掌握了炸、熘、爆、炒、烩、焖、拔丝等20多种烹调技法，同时也得到了前辈杨启庭、郑怀安、高山、陈兵等老师的指导。擅长淮扬菜、京菜及西餐的制作，在宴会设计方面经验丰富同时又有自己独特想法与创新，得到烹饪界的认可与好评。

制作者何文清

何文清： 1965年出生，中式烹调高级技师、高级营养配餐员、国家职业技能中式烹调师考评员、中国烹饪大师。1983年毕业于北京市服务管理学校，毕业后在崇文门饭店从厨，2003年调入北京市人民政府办公厅行政服务处工作至今。在北京奥运会、残奥会活动期间，由于出色完成接待任务被北京市人民政府办公厅评为先进个人，并荣立“三等功”。多次被市政府办公厅机关党委评为“先进个人”“优秀共产党员”。2016年拜张铁元先生为师。

制作者李扬

李扬：高级烹饪师。在部队服役时负责首长饮食并因表现突出荣获三等功，后于俄罗斯圣彼得堡中餐厅进修工作，2011年拜入中国烹饪大师张铁元门下，在北京聚德华天职业技能培训学校进修一年，同期进入北京同顺居饭庄担任主厨、厨师长。2016年至今就职于北京“三合源汇”餐饮管理有限公司。2019年参加在南非举办的国际养生大赛并获得金牌。

制作者陈衍文

陈衍文：中式高级厨师。北京江南投资集团私人会所担任厨师长。1996年开始从事烹饪工作，先后在北京毕派克饭店、北京淮阳食府、凝瑞楼饭店工作。2019年拜中国烹饪大师张铁元为师。

资料整理刘新颖

刘新颖：高级服务技师，北京当代名厨。2000年在北京“京华名厨联谊会”京华食苑做服务工作，专门做“龙宴”的接待服务工作。2009年9月荣获北京市商业服务业岗位服务技能系列活动宴会摆台市级决赛第六名。2010年被评为北京市朝阳区高技能人才。2014年被中国饭店协会授予服务大师称号。

制作者张云华

张云华：2007年参加工作，先后在问月楼餐厅有限公司、元辰鑫国际酒店、华天二友居肉饼店、国家电网国网物资中心有限公司工作。

序号	姓名	
1	南书旺	北京金禧丽景酒店管理公司，中餐高级烹调技师，中国烹饪大师，北京当代名厨。
2	于海祥	北京国际宾馆，中餐高级烹调技师、中国烹饪大师，北京当代名厨。
3	韩应成	南京花津浦餐饮公司出品总监，中餐高级烹调技师、中国烹饪大师，北京当代名厨。
4	姜海涛	北京华天职业技能培训学校，中餐高级烹调技师、中国烹饪大师，北京当代名厨。
5	赵俊杰	北京延庆凯思大酒店，中餐高级烹调技师，中国烹饪大师，北京当代名厨。
6	王高奇	西安丰醴园餐饮管理有限责任公司，中餐高级烹调技师、中国烹饪大师，北京当代名厨。
7	李传刚	北京味邦餐饮管理有限责任公司，中餐高级烹调技师、中国烹饪大师，北京当代名厨。
8	黄晓荣	北京国圣连锁酒店，中餐高级烹调技师、中国烹饪大师，北京当代名厨。
9	王俊峰	河北任丘日毫大酒店，中式烹调高级技师、高级烹调师，北京当代名厨。
10	赵　军	北京市交通控股有限公司行政处，中餐高级烹调技师、中国烹饪大师，北京当代名厨。
11	李志强	北京精科酒店，中餐烹调高级技师、中国烹饪大师，北京当代名厨。
12	李志刚	大碗茶文化发展有限公司“品珍楼”行政总厨，中餐高级烹调技师、中国药膳大师，北京当代名厨。
13	刘永克	北京又一号餐饮管理有限责任公司，中餐高级烹调技师、中国烹饪大师，北京当代名厨。
14	母　东	宁波食遇连锁机构行政总厨师，中餐烹调技师、中国烹饪大师，北京当代名厨。
15	李　岩	黄骅市瑞岐祥饭店，中餐烹调技师、北京当代名厨。
16	段建部	北京市聚德华天职业技能培训学校中餐烹饪教师，高级烹调师，北京当代名厨。
17	陈道开	北京市丰台区《腾缘香小川菜》酒楼，中餐烹调技师、北京当代名厨。
18	黄福荣	任丘大厨小馆餐厅，高级烹调技师、北京当代名厨。
19	郭文亮	北京肿瘤医院，高级烹调技师、北京当代名厨，中国烹饪大师。
20	柳建民	北京众品园餐饮管理有限责任公司，高级烹调技师、中国烹饪大师，北京当代名厨。
21	杨忠海	杨中海烤鱼店，中餐烹调技师、中国烹饪大师。
22	谢延慧	北京教育学院，西餐高级技师。
23	曾海波	北京”三味缘“餐饮管理有限责任公司，中餐高级烹调师。

后记

《龙菜·龙点·龙宴》这本书终于要面世了。首先要感谢国际饮食养生研究会会长张文彦先生为本书赐序，感谢北京“京华名厨联谊会”创始人之一、副会长李士靖先生为本写题写书名。

北京合兴楼餐饮公司总经理王根章先生，北京“清华大学”观畴园餐厅经理张奇先生，厨师长王圣杰先生、王天遵先生和解路远先生，“民族饭店”四季餐厅主管赵国梁先生，北京聚德华天职业技能培训学校杨浩校长、姜海涛老师，北京中兴物业管理公司、物业中心餐厅经理刘秋广先生，禾吉顺餐饮股份有限公司万锦私房菜董事长米芪、秦岩、行政总厨尤卫东先生……，以及所有在菜品制作过程中，对本书的出版提供过帮助的朋友，谢谢你们了，也要感谢我的好朋友摄影师刘志刚先生。

编写此书旨在纪念、缅怀、感恩我们老一辈的烹饪匠人，感恩前辈为烹饪事业做出的巨大贡献，同时传承中国博大精深的烹饪文化和烹饪技术，为更多喜爱中国烹饪的同行和朋友们搭建一个交流的平台，使其能有所借鉴。这是我们每一位对这个行业还怀有赤子之心的厨师的心愿。

更加不能忘了为我们老一辈厨师做了很多益事的“京华名厨联谊会”，他们是会长赵振华、李士靖先生，秘书长周庆枝、何志绂等老前辈，为有志向做点实事、有意义事的老一辈厨师提供了交流平台和许多帮助，他们也持续多年在烹饪行业发挥着自己的光和热。

本书是《师徒情缘·传承美食》系列丛书之十，图文并茂，具有一定的历史性、知识性、技术性，适合喜爱烹饪的大众和专业的烹饪人员阅读。如有不妥之处，欢迎给予指正。

最后，更应该感谢的是您——本书的读者。如果您在百忙中翻阅几页后，觉得其中的有些内容对您有所价值，令您有所回味，那便是颇令我们欣慰的事了。

本书编委会

2020年1月26日于北京